智元微库
OPEN MIND

成 长 也 是 一 种 美 好

向上

7步实现跳级人生

向上例子姐 —————————— 著

人民邮电出版社

北京

图书在版编目（CIP）数据

向上：7步实现跳级人生 / 向上例子姐著 . -- 北京：人民邮电出版社，2025. -- ISBN 978-7-115-66400-6

Ⅰ．B848.4-49

中国国家版本馆 CIP 数据核字第 2025359N98 号

◆　　　　著　向上例子姐
　　责任编辑　杨汝娜
　　责任印制　周昇亮

◆人民邮电出版社出版发行　　北京市丰台区成寿寺路 11 号
　邮编 100164　　电子邮件 315@ptpress.com.cn
　网址 https://www.ptpress.com.cn
　天津千鹤文化传播有限公司印刷

◆开本：880×1230　1/32

　印张：8.5　　　　　　　　　　2025 年 4 月第 1 版

　字数：170 千字　　　　　　　2025 年 4 月天津第 1 次印刷

定　价：59.80 元

读者服务热线：（010）67630125　印装质量热线：（010）81055316

反盗版热线：（010）81055315

前言

知道我求学和工作经历的朋友们曾对我说："你真励志啊！""你真努力啊！"现在，他们换了一个新说法——你真向上啊！

只有我自己心里清楚，在求学时和工作中的很多个瞬间，我的内心有多迷惘、多惶恐、多不知所措，甚至崩溃。

是的，我也走过很多弯路，那时候我最困惑的就是遇到困难没人给我出主意。我对父母从来都是"报喜不报忧"的。作为独生子女，我也没有兄弟姐妹可以商量。那时候我就在想，有没有一种导师，我要走的路，他都走过了，他能给我指明方向，告诉我往哪儿走、怎么走。我不怕吃苦，但我怕在无谓的事情上浪费时间，我不想摔跟头，也不想在大好的青春年华被困在弯路上不能自拔。我想让自己在人生中能一路过五关斩六将。

现在我 40 多岁了，对于那些曾经困扰我、让我煎熬的问题，我也研究出了相应的解法。使我痛苦者，必使我强大。感恩有了那些走弯路的经历，我更加稳当地走在了向上的路上。这一路我走得无比坚定，也全然接纳和感谢过去那些挫折。

我珍惜这种感受，也喜欢风雨无阻地向上的我。

人到中年之后，尤其是在创办"向上研修院"之后，我接触了很多 20 多岁初入职场的年轻女孩、30 岁正处于职场上升期却焦虑的职场英才，还有人到中年不知如何平衡家庭和事业的职场女性，甚至年过半百却依然觉得没有活出自我的姐姐，她们都和我一样，不缺工作的能力，也不乏对生活的热情，但就是陷入了当下的困境，身在迷途中不知如何抉择，甚至在某些时刻深陷情感和事业的深渊无法自拔。

"如果有人能伸出手，拉我一下就好了。"她们和我倾诉。听到这句话，我就在想，这不就是之前的我吗？我不想"躺平"，更不愿放弃，我想向上，可方法到底是什么？能不能有个人给我标准答案，让我直接跨过这道坎？

每当我看到这些曾经跟我一样正在走弯路的女性，我就很想帮帮她们。用网络流行语来说，就是"因为自己淋过雨，所以想给你撑把伞"。如果我的经历和方法能帮你直接跨过眼前的这道坎，你是不是就能在向上的路上节省一些时间和精力，早日找到自己的光，也成为别人的光？

这份初衷，如同种子般在我的心中生根发芽，催生了我对这本书的构想。

我理解的向上是，今天比昨天有进步，身边有值得学习的良师益友，因为有他们的存在，所以我们的社会关系和生活环境都越来越好。向上不仅是顺境中的喜悦，更是逆境中的高歌！

向上之路虽长且艰，却并非无章可循。只要你留心，就会发现向上的人都有一定的方法论。在我们忙碌的每一天，如果让每一种选择、每一次行动都带着向上的方法和能量，我们是不是可以走得更加自信和坚定？这正是本书想要探讨的主题。

在本书中，我将和你聊聊生活中的向上、职场中的向上、心态上的向上以及行动中的向上。我总结了"向上7步法"，就让我们用这些方法来打造越级人生吧！

第一步：做选择。

在我看来，选择本身就是一种能力。我们如何每次都能做出让生活越来越好的选择呢？第1章将探讨积极向上的心态，这是从"敢于争取"的勇气，到无论做什么都有收获的"人生赢家"的心态；是从"拼尽全力"的决心，到"不害怕被拒绝"的坦然；是从"沉住气"的智慧，到在"满分打法"中打好自己底牌的不凡。这些心态不仅能帮助你轻松做出选择，更让你享受选择的过程，你会发现，每一次的选择都在推动你变成更好的自己。

第二步：立人设。

如何让自己脱颖而出？如何让别人快速记住你？这就需要你学会打造个人知识产权（IP）。从面对真实自己开始，你需要绕开陷阱，坚持"做自己"的原则。通过放大优势，找到自己的立足点和价值；通过利他认知，让别人快速辨认出你；通过满足期待，让别人觉得你确实是这个样子的；通过预见自己，不断追求更好的自己；最后，通过持续打磨，建立独特的个人 IP 形象。

第三步：攒人缘。

有多少人喜欢你，盼着你成功，这就是我们的人缘。那怎样才能有好人缘？

这需要你学会投资"人际账户"。从开设账户开始，你就需要多思考人际财富；通过定期本金，夯实现有的关键人际关系；通过扫描筛选，挖掘可投资的隐形人际关系；通过创造机会，发挥自身优势，积极表现自我；最后，通过深度链接，打造亲密、长期的人际关系。

第四步：巧包装。

你不仅要注重外表的包装，更要注重内在的修养。从"专业包装"开始，你需要做一个有内容的人；通过"语言包装"，学会好好说话；通过"情绪包装"，成为一个情绪稳定的人；通过"广告包装"，放大自己的优势；通过"审美包装"，追求干净、简洁的审美；最后，通过"兴趣包装"，发掘兴趣并深度培养。通过这些包装，你可以将自己打造成更加有吸引力、有影响力的人。

第五步：识伯乐。

在人生的旅途中，你总会遇到一些指引和帮助你的人。如何发现并抓住身边的伯乐？这需要你具备寻找伯乐的意识和发现伯乐的眼光，以及与伯乐建立联系并制造契机的能力，再加上真诚的态度。

第六步：借势能。

在这个资源共享的时代，你要学会借助外部力量推动自己向前发展。这需要你遵循互助原则，通过帮助他人实现自我提升，并学会借力使力，寻找支点。运用这些方法，你将能够全面调动资源优势，实现自身价值的最大化。

第七步：拿结果。

最终，你追求的是结果的实现和人生的成功。通过用小赢撬动大赢、用行动回馈伯乐、感谢帮你拿结果的人、分享成功以及保持鲜活的生命力这 5 个策略的运用，你将逐步实现自己的目标和梦想，让每一次选择、每一次行动都成为助推人生持续向上的动力。

"人生就像一盒巧克力，你永远不知道下一颗是什么味道。"这是电影《阿甘正传》中的经典台词，也是我们对人生无限可能的最好诠释。

在向上的旅程中，希望你能勇敢地尝试、不断地探索，毕竟每一次向上的选择和行动，都可能成为你人生中的一颗美味的巧克力。

目录

序章

向上的力量

向上不仅是顺境中的喜悦，
更是逆境中的高歌！

每一次向下的自由，
都是人生的障碍。

你要先把人生字典中的
那个"不"字扔掉！

向上是积极思维和人生态度。

低谷逆袭源于
千万次向上的行动。

这几年持别流行一个词——向上。

什么是向上？有人认为向上是一个很空泛的概念，也有人认为向上是成功人士才会说的励志故事。让我们先来看看向上的反面。

不敢给人添麻烦；

不敢做第一个站出来的人；

不敢主动交朋友；

不敢道歉；

不敢提需求；

不敢担责任。

……

那么，向上到底是什么呢？

你可能会用"社恐"来解释上述那些"不敢"时刻。但我想告诉你的是，犹豫、退缩、自我怀疑等看似"社恐"的行为，其实只是表象问题，其根源在于你被向下思维局限了，缺乏向上的能量。

什么是向下思维呢？向下思维也叫滑坡思维，放弃、"摆烂""躺平""破罐子破摔"等，都是向下思维的典型表现。很多人认为，向下是一种自由，殊不知，每一次向下的自由，都可能给他们在走向理想人生的路上设置障碍。

向下的反面，就是本书要探讨的向上。

我希望你向上生长，拥有你想要的人生。但我也要告诉你，向上并不是一件容易的事情。在向上的过程中，你可能会遇到一些问题，比如被拒绝、被针对、被恶意攻击，这些都会让你想放弃和"躺平"。而在现实中，确实有很多人都选择了放弃和"躺平"，但请你一定要坚持住。只有通过不懈的努力与坚持，你才能克服种种困难，真正实现自我成长与自我超越，拥抱你内心深处真正渴望的人生。

你要先把人生字典中的那个"不"字扔掉！

向上不容易，但它也并不复杂，前提是你要相信自己，勇于行动，敢于争取。

如果你是一个不敢主动争取机会的人，那么你遇到事情的第一反应一定不是乐观的、积极的，而是带着畏难、羞耻的情绪给自己找借口。没有正向行动就没有正向反馈。慢慢地，你会觉得：我的父母对我不认可，我的伴侣对我不珍惜，我的孩子对我不尊重，我在公司里也只是一个"小透明"，总是被边缘化，总是莫名其妙被歧视……我的人生很失败，我感觉人生无望。

如果你是一个爱抱怨、爱挑毛病的人，那么你就总会觉得身边的人都在针对你、消耗你，你也总会挑剔别人：我的伴侣不争气、我的孩子不爱学习、我的原生家庭有问题、我的同事都爱排挤人……

你感受到的这一切，其实是你的人生正在向下滑的一种信号。

为什么你觉得向上无望？归根结底是因为你没有从你的社会关系中得到正向反馈。

如果你的父母认可你，你的伴侣很爱你，你的孩子尊重你，你的上级重用你，你的同事欣赏你，你还会觉得自己失败吗？当然不会！

你越积极行动，越可能得到正向反馈，人生也就越能不断向上了。

向上是用积极的思维思考人生、创造人生的一种精神和理念，是你的人生态度。

当你的人生呈现出向上的态势时，你会惊喜地发现，生命中的一切似乎都进入了一个正向循环的轨道。要知道，那些看似轻而易举的收获，其实都是"蓄谋已久"的；那些你以为的驾轻就熟，其实都是有备而来的。

举个例子。

31 岁破产，成为单亲妈妈，独自抚养 3 个孩子，69 岁登上美国时代广场的广告牌。这不是剧本，这是梅耶·马斯克（Maye Musk）逆袭向上的人生。

破产、离异、独自抚养 3 个孩子，让梅耶的人生一时间变得很艰难。这 3 件事，单拎一件出来，都足够让普通人内耗和焦虑，更不用说 3 件事一起压过来了。

但梅耶的人生并没有因此下沉。

梅耶把谷底当成新的起点。在抚养孩子期间，她开始行动、自救，不停学习、考证，还拿到了两个硕士学位。更令人震撼的是，60多岁的她重返了模特舞台。在69岁时，她的形象照登上了美国时代广场的广告牌。

梅耶的厉害之处在于，她不把时间和精力花在自怨自艾和内耗上，而是积极地学习和工作，一路向前，最终实现低谷逆袭。

低谷逆袭，是一个多么神奇的词语。很多人理所当然地认为，触底一定会反弹，在低谷一定会逆袭，他们可能还会安慰自己说："已经到低谷了，情况还会更糟糕吗？"

会！

不断下沉的人生，比你到了低谷还要糟糕。

拥有向下思维的人的人生会不断、无限地下沉，直到跌入看不见底的深渊。而真正厉害的人，即使跌入低谷，也会努力找到自己向上的台阶，拾级而上，走出低谷，见到照亮自己的光。

低谷逆袭不是低谷人生与成功人生的瞬间转变，而是那些真正厉害的人千千万万次向上的行动、探索、尝试。

被书画界视为"异数"的美术史学家徐小虎是真正厉害的人。

徐小虎在普林斯顿大学学习中国艺术史期间，在老师的幻灯片上看到了范宽的《溪山行旅图》，她说："特别感动，如此透过一个大石头跟一个小石头，可以把宇宙灵魂的存在表达得如此清楚。"从此，她开始了对中国书画的研究。

由于她的艺术理念和普林斯顿大学的培养理念不同，她被迫退学，但她并没有就此停下脚步。她先是在日本待了 4 年，一边撰写艺术评论专栏，一边观摩各种古画展览，进行自主学习研究。之后，她又跟随当时的书画鉴藏大家王季迁进行了为期 8 年的学习。最终，徐小虎发展出了一套清晰缜密的书画断代鉴定方法。在 50 岁时，她完成了《被遗忘的真迹：吴镇书画重鉴》一书的初稿，并以此论文在英国牛津大学获得博士学位。

然而，《被遗忘的真迹：吴镇书画重鉴》一书推翻了大多数教授和研究员一直信奉的断代法，甚至颠覆了乾隆皇帝在《石渠宝笈》中提及的断代观点。因此，业内人士对她的鉴定方法置之不理，拒绝跟她来往。与此同时，她发现大众对艺术的追求似乎也不在于真伪。

但是，她并没有妥协，依然坚持自己的研究。

有人说，徐小虎怕是孤独极了。她却说："我觉得失去了这种动力的学者蛮可怜的。我一点儿也不孤独，我觉得封闭了心灵、锁住了脑袋的大人才孤独。"

徐小虎的这种精神就是向上的精神，这种精神让她始终如花一样绽放。即使到了 80 多岁，她依然在电梯里被男生夸赞："你真漂亮！"她说："他看到的不是我，而是

一种精神。我们的心灵里散发出来的美才是真的美……我
觉得我越老越棒了。"

可以说，向上的生命力比年轻美丽的皮囊更有杀伤力。拥
有它的人从不会被表象问题困住，他们总能洞察生活的本质，
为了实现自己的目标，坚定地向上走。

举个例子。

我的一个闺密在两个孩子上幼儿园之后，即使家人一
再跟她说希望她能以家庭为重，在家继续做全职妈妈照顾
孩子，她也依然坚定地选择重返职场。她认为，女性不应
被家庭琐事所束缚，而应追求自我价值的实现，去那个能
让她展现才华的地方。

她在做全职妈妈期间，一直保持着学习的习惯，不断
积累专业知识，为自己日后重返职场做足准备。孩子们上
幼儿园后，她从临时合同工做起，一路披荆斩棘，用 10
年时间，一路向上，最终进入一家知名企业，担任核心管
理层的职位。

她在打拼事业的同时，也将家庭经营得很好。或者
说，她不用费心经营，家庭也越来越好了。她在向上，她
的家庭也在向上。

从她挺着大肚子坚持学习，到她一边努力适应职场，
一边用心带孩子，再到她不断挑战自己、向上发展，她的
丈夫和孩子将她的努力都看在眼里。在她的影响下，她的
丈夫也开始提升自己，等到时机成熟后，离职开始创业，

仅用 5 年时间，就把企业做到了当地的行业龙头。她的两个孩子也非常积极上进，自主学习能力很强，后来都考上了知名的大学。

当你还在纠结事业和家庭怎么平衡时，向上的人已经事业和家庭双丰收了；当你还在抱怨"我什么都没有"时，向上的人已经打下一片"江山"了；当你还在犹豫要不要试试看时，向上的人已经"在路上"了。

请向上走，最好的风景要站在山顶才能看到。

你或许会说，我既没有什么优点，也没有获得过任何成就，我还能向上吗？

当然可以。我建议你从拿到一个小小的结果开始向上。

举个例子。

高女士曾经是人人羡慕的对象，她工作清闲，收入高，公司离家也近。就在她等待退休时，突然被裁员了。

被裁员后，高女士并没有心灰意冷，而是赶紧找下一份工作，最后她去了一家服装店卖衣服。上班第一天，她就卖出了 10 件衣服，店主夸她有天赋。就是这样一个小小的结果，让她对自己卖衣服的能力充满自信，也让她对这份工作充满了干劲。她的业绩不断攀升，店主也从开一家服装店发展到了开 3 家服装店，而她也成为服装店重要的股东。

在 56 岁时，她选择辞职创业。她创办了一个女性服装品牌，每天像年轻人一样充满激情地生活。

向上会让你"上瘾",尤其在拿到结果,尝到甜头后,你会不断地想向上。拿到结果的人,从不囿于当下拿到的结果,而是会将这些结果当作新的起点和跳板。

举个例子。

在很多人还在挤破脑袋想捧一个"铁饭碗"时,30多岁的她辞掉了自己的"铁饭碗"。她就是我的好朋友廖女士。

廖女士从小到大学习成绩都很优秀,属于"别人家的孩子"。毕业后,她进入老家的一家国企上班,有了大家认为的"铁饭碗",让身边人羡慕不已。

别人对"铁饭碗"的看法是:做了这份工作,这辈子就不用愁了。但是,廖女士对"铁饭碗"有不一样的认识。"铁饭碗"并非她安稳人生的保险,反而在某些方面束缚了她,而别人是感觉不到这一点的。

因此,她才说出了一句既震撼又激励我的话:"当时我不到30岁,却看到了我60岁的样子。不行!我要挑战自己,我要打破这个稳定。"

于是她辞去了老家的工作,丢下了"铁饭碗",去了陌生的北京。

当时,她的梦想是去北京的中关村找工作,做什么工作都行,但必须在中关村。那时中关村被称为"中国的硅谷",是年轻人都想去闯一闯的地方。

到了中关村,她最开始给一家很有名气、她自己也很想去的办公软件开发公司投了简历。但这家公司的大多数岗位都需要理科生，作为文科生的她不出意外，没有应聘成功。

她心想："没关系，我继续找下一份工作。但我得先找个班上，不能闲着。一边上班，一边等机会。"

半年之后，之前她心仪的那家办公软件开发公司的人力资源（HR）联系她，告诉她有一个岗位适合她，问她要不要来。就在她满心欢喜地准备答应下来时，对方提出了附加条件："但是月薪只有1000元。"

当时，她正在做的工作的月薪是2000元，而去心仪的公司只能拿到现在二分之一的月薪，如果是其他人，面对这种选择也许会再三考虑。

而廖女士很坚定："去！"她的这一声"去"，回答的不只是那位HR，更是当时那个想来中关村、想去自己的心仪企业、想再次实现梦想的自己。

在这家办公软件开发公司，她的能力并不突出，对于数据分析方面的内容，她处理得有些吃力。但因为珍惜这个机会，所以她拼命向上，学习数据分析等一切相关的专业知识，从文科生的身体里活生生"长"出了一个理科生。其中的困难，理科生懂，文科生更懂。

种下向上的种子，才能结出向上的果实。

后来，这家办公软件开发公司要在武汉成立华中分公司。廖女士主动请缨，想去开拓新市场。虽然她的能力已经提升了很多，但董事长还是有所顾虑。

董事长顾虑的是，她当前的职位是部门经理，去了武汉那边，她的职位就是副总级别。职位相当于在原来的级别上连升三级，她能不能胜任？能不能担起这份责任？而且开拓武汉市场有一定难度，虽然能分的"蛋糕"不多，竞争对手却很多且很强。

在董事长列出的种种困难面前，廖女士回想起之前董事长对她能力的肯定与鼓励，心中充满了信心与决心。她深知，这次挑战虽大，但正是展现自己成长与实力的绝佳机会。于是，她立下军令状，说："我肯定行！"

廖女士在公司的表现很优异，董事长本来就很欣赏她。对于这种敢于向上的人才，董事长愿意给机会。

到武汉后，公司的人深深体会到了她的那一句"我肯定行"，不是简单的口号，而是她真的有能力做好的誓言。

到武汉一年后，她成功将华中市场打造成为公司销售业绩最高的区域。她也因此晋升为公司副总裁，负责管理整个公司上千人的销售团队。

回顾她踏进北京的初衷，她已经实现了进入中关村、进入名企的梦想，也实现了财务自由。很多人会想，她应该满足了，可以安逸地享受人生了。

但她并没有这样做，她又有了新的梦想，有了新的挑战。

在这家办公软件开发公司里，有一位年轻人辞职创业了。一次偶然的机会，对方和廖女士聊到创业的事情，问她有没有兴趣，要不要加入。

那一年，她 35 岁，生活既无忧虑也无压力。她再一次觉得看到了自己 60 岁的样子。于是，她又一次抛开稳定的生活，选择创业，探索新的领域。

这一次，她又成功了。

人生永远有不止一个风口，能拿到的也永远不止一个结果。不断寻找人生的新风口，勇于刷新自己的天花板，这种永不停歇、持续向上的力量让她永葆生命力。

我最近一次见到她是在杭州，她刚参加完乌镇的互联网大会。在大会上，她作为嘉宾发言。会后，她跟我说："你别看我现在 50 多岁了，但我非常喜欢这个永远鲜活、自由、向上的我。我也非常喜欢你，你不也一直在向上吗？你不也成立了'向上研修院'吗？你不也把家从北京搬到了杭州吗？这就是我们能成为好朋友的关键，我们都走在向上的路上，这样才能相遇、相知。"

无论是廖女士的人生历程，还是我的实践经验，都让我明白：梦想的实现不是想出来的，而是向上努力做出来的，是一个又一个的结果累积起来的！

我之前在国内一家知名传媒公司上班。那几年，我们公司出品的综艺节目基本上都是跟一线卫视合作的，出演节目的嘉宾都是一线明星，节目播出的时段也都是周末的黄金时段。就连我们的线上合作伙伴也都来自 BAT（百度、阿里巴巴、腾讯）。

后来，我敏锐地发现，行业发展的风向变了，网络综艺节目将成为流行趋势。如果这个时候我们公司去做网络综艺节目，那就很有可能跻身行业头部。

但是，公司领导把我内心的这颗小火苗给吹灭了。他认为，各大卫视的项目都还做不过来，网络综艺节目又没人做过，不知道市场有多大，没必要去冒险试错。

当时已经是副总裁的我，或许没必要因为提议被公司领导否决就做出离职的决定。但我就是那么做了。

离职后，我在一个下沉广场租了一间办公室，跟我的闺密一起开启了新的梦想，去拿新的结果。

创业的故事没有电视剧里演的那么励志和美好，这是我在决定创业时就知道的事情。我知道，我一定会遇到困难，一定有疲惫的时候，但是我不会轻易放弃，即便失败了，我也能积攒经验，把握更多新的机会。

日本作家松浦弥太郎说："所谓人生困境，不过是你胡思乱想，自我设置的枷锁。"你选择改变，你的人生才会改变。在迈出第一步之前，所有的山都是高山。

向上的路，的确不容易走，但也没有那么难走。

你需要的只是种下向上的种子，告诉自己：我要成为更好的自己。正如三毛所说，给自己时间，不要焦虑，一步一步来，一日一日过。请相信生命的韧性是惊人的，与自己向上的心合作，不要放弃对自己的爱护。

你要相信，更好的人生正在等着你。

第 1 章

做选择：

向上的 の 种心态

试试呗，万一呢？
行动比完美更重要。

没有一步路是白走的，
没有一页书是白看的。

人生总要赢一次吧，
赢了第一次，就会有第二次。

被拒绝，又怎样。

气定则心定，心定则事圆，
让子弹飞一会儿。

试试呗，万一呢

"不行！你不知道，现在奶茶市场竞争很激烈，房租又贵，人流量也不稳定……到头来都是在给房东打工。"

在晓丽非常开心地跟闺密晓柠分享自己的创业想法时，晓柠立刻变成了一个风险评估师，告诉晓丽"不行"。

从表面上看，晓柠似乎没做错。作为朋友的她很仗义，完全在为晓丽着想，不希望她最后赔得血本无归。

但是，仔细想想，哪件事在做之前就一定会成功呢？哪家企业在做一个项目或者开拓一个市场时，能确定可以做好呢？大家不都是在风险里找机会吗？不都是在尝试中探索可能性吗？

做任何一件事都是风险与机会并存的，在一味地规避风险时，你也在将一切可能的机会拒之门外。

我们要勇于尝试，在做事的过程中，积极应对挑战、规避风险。

真正向上的人，即使知道前方的路很难走，也会勇敢地迈出第一步，不做事，就永远无法成事。而只会纸上谈兵的所谓理智者，实则是行动上的懦夫。

我有一位生活在老家的亲戚，经常向我打听北京有没有值得投资的创业项目。我把她的话放在心上，一发现有潜力的项目，就会及时分享给她。

有一年，我向她推荐了冻酸奶项目，并且跟她讲了这个项目在市场上的稀缺度和前景。

她质疑说："现在冰激凌市场都非常低迷了，产品不好卖，冻酸奶能有市场？这个项目的市场教育成本太高了！"

后来，我又发现了一个针对女性生理期调养滋补的甜品项目，感觉这个市场的痛点很清晰，适合追求生活品质的年轻女性，建议她尝试。

她反驳道："女性生理期一个月才有一次，非生理期时产品卖给谁？"

无论我跟她分享什么项目，她总有各种项目做不成的理由。

我渐渐感觉，她并不是在等我分享有市场的好项目，而是在等展现她的风险分析能力的机会。

后来，我再也没有向她分享过与项目相关的信息了。

就这样，十几年过去了，她依旧没有成功启动任何项目。反观周围跟她一样想创业的朋友，有人开店，有人开公司，有人运营自媒体，都拿到了或大或小的结果。

你的身边有没有这样的人，无论你说什么，他们总是挑三拣四，找到这件事看似不靠谱的地方？

这就是典型的有"风险分析师"思维的人——总能找到这件事的风险在哪里，以此来证明其不可行性。他们总是习惯性地预设失败，而不是勇敢地争取和尝试。

对此，我想说，不去尝试，怎么知道项目好与不好呢？怎么验证结果是失败还是成功呢？

天下的生意，同行不同利。别人做不成，不见得你就做不成。

举个例子。

我家楼下已经开了两家理发店，不久后又开了第三家。

在第三家理发店开业时，很多人都等着看笑话："这家店的投资人不做市场调研吗？很明显楼下的理发店市场已经饱和了，再开一家，肯定很快就会倒闭。"

但是，结果并没有像那些人所说的那样。这家理发店不仅生存下来了，而且生意非常好。

我发现，这家理发店的投资人非常聪明，他设计了一个小巧思——给顾客准备抱枕。他发现，很多顾客在剪头发时，手不知道往哪放。手放在腿上，或者放在椅子扶手上都不舒服。因此，他准备了抱枕，让顾客把抱枕放在腿上，顾客玩手机也很方便。

一个小小的抱枕，看上去并不足以提升一家理发店的竞争力，但它就是起到了这样的作用。

在各个理发店的理发师技术差别不大的情况下，顾客需要的就是不一样的东西，尤其是贴心的服务。

向上就是在风险中找机会，向下就是在机会中挑风险。

这家理发店的投资人，在 99% 的风险面前，找到了 1% 的机会。用那 1% 的机会撬动了成功。99 次的风险评估，不如 1 次行动更有成效。

人生要敢于争取，遇到困难要想"试试呗，万一呢"。

敢于争取的心态背后其实有 3 个思维模式。

1. 想方设法去尝试

"试一试"本身就是机会。

2006 年，我开始准备硕士研究生的毕业论文。我的论文选题是"纸业低迷，传统纸媒如何突围"。我想找一家有代表性的报社去获取更多、更专业、更前沿的数据来支撑我的论文观点。我选了当时销量非常好的《北京娱乐信报》。

我当时想："我通过什么方法和渠道能联系上这家报社的社长，获得自己想要的数据呢？"

我很清楚，见社长很难。就连记者要采访这家报社的社长都要排队，更不用说我这个硕士研究生二年级的学生了。

我的同学在知道我的想法后，都笑话我："你的想法很好，但是你跟这家报社的社长连八竿子都打不着。别写这个选题了，放弃吧。"

也许有人听到这些话会说："也对，那算了吧。还是换一种容易获取信息的方式，别去折腾了。"但我认为这并不是无法攻克的难题。我不认识社长，那我就想方设法去和他链接，至少先打"八竿子"。

初生牛犊不怕虎，没有门路的我直接踏进了报社的大门。前台问我是谁，要找谁。我介绍了自己的学生身份并坦诚表达了采访的想法，但遭到了婉拒。

这条路走不通，我就另辟蹊径。

我在网上搜到一条关于这家报社的信息，上面有一个可能联系到社长的传真号。我立即将我的采访请求传真过去。

第三天，我接到了一个陌生人打来的电话，对方是社长的助理。

她狐疑地问我："你是谁？你要做什么？"

我非常大胆地告诉她，我是中国传媒大学的学生。我在写一篇关于传统纸媒未来发展的论文，想研究纸媒的发展过程，希望社长能接受我的采访。

她拒绝了我，并告诉我，社长的采访时间已经约满了。但我还是没有放弃，再次诚恳地提出采访请求。

我对社长助理软磨硬泡地说："就给我一次见面的机

会吧，我保证不占用社长太多的时间。如果有问题冒犯到社长，我可以马上结束采访。"

社长助理也许是被我这质朴又有韧性的性格打动了，她给我提供了一条宝贵的信息："这周日我们将举办一场线下座谈会，主题跟你的毕业论文选题很契合，期间还有互动、采访环节。你可以在网站上报名参加，或许能获取一些关键信息。"

我再三道谢，挂了电话后，就立即打开了她说的网站，认真仔细地填写了报名资料，提交了申请。

很幸运，我报名成功，参加了那场座谈会。而且我在现场表现积极，争取到了采访的机会，得来了许多宝贵的一手数据资料。

"试一试"，并不是等待好事主动找上门，而是自己积极地去链接、去争取，拼命创造机会，抓住机会。

林清玄说："山不动有什么关系？我们走过去不也一样吗？就在我们抬脚往山那一边走的时候，每走一步，山就向我们移动了一步。"

山不来就我，我便去就山。

2. 敢向虎山行

所谓的出人头地就是敢向虎山行。

我在中国传媒大学上学时，学校经常邀请业界翘楚来授课。

在我读硕士研究生三年级时，学校邀请了某知名网站的胡主编给我们讲座。同学们非常热情，对讲座十分期待。

听讲座期间，很多同学都窃窃私语，说如果能有机会到这家网站实习，那就太幸运了。我也是这么想的。

讲座结束后，大家散去。我注意到胡主编独自走向了电梯，我也跟着进去了。当时，电梯里只有我跟胡主编两个人。

我礼貌地向胡主编问好："胡主编，您好！我是刚才听您讲座的学生，来自新闻与传播学院。我非常憧憬去您的公司实习，不知道有没有这个机会呢？"

胡主编听完我这么直白的诉求后，先是有些诧异，然后上下打量了我一番。

我以为没有下文了，但胡主编在走出电梯前，递给我一张名片说："你可以把简历发到这个邮箱。"

当晚，我就把简历发过去了。

第三天，网站的人事部给我打电话，确认我的名字和相关信息后，告诉我可以去该网站的政府公关部实习。

那一刻，我既不敢置信，又庆幸自己当时十分勇敢。

你看，很多事情做起来并没有那么难。难的是，你连尝试都不敢。别管做什么，先试试呗！万一成功你就赚了，万一失败你也不亏。

学习中遇到新的课题：试试呗，万一呢？

工作中遇到新的项目：试试呗，万一呢？

社交中遇到新的朋友：试试呗，万一呢？

生活中遇到新的难题：试试呗，万一呢？

一旦建立这样的心态，你人生中的绝大多数内耗都能在行动中找到解决方法。你感觉压力大，觉得自己不行甚至想放弃的时候，恰恰是你要丢掉向下思维的包袱，开始行动的时候——"先完成，再完美。"

行动比完美更重要。

3. 用信念驱动自己

我经历的一件事让我明白了一个道理：当我真正想去做一件事情时，全世界都会为我"让路"。

公司派我去迪拜出差，筹备拍摄一部电影的相关事情，并对接资源。

当时有一个中间人介绍我认识了迪拜旅游局的工作人员，但这个介绍仅停留在知道彼此的名字上。介绍完后，这个中间人就离开了，留下我独自一人。

在异国他乡，人生地不熟，也许这会让一些人打退堂鼓。但是，我从不打退堂鼓，我只想敲响战鼓。

于是，我先做了我能做好的事情。我邀请旅游局的工作人员一起喝咖啡，跟他聊中国的传统文化，聊哲学、历史，他对这些内容很感兴趣。慢慢地，我们就熟络了。他主动邀请我去参加他的家族聚会。在聚会上，我又认识了更多的人，包括几家知名酒店的经理。

就这样，我在社交"荒漠"上开花了。

　　尤其值得我自豪的是，我成功谈下了迪拜酒店总统套房的使月权，这对我们拍摄电影很重要。

　　这个结果我的老板没有想到，同事们没有想到，我自己也没想到。

　　你看，结果不是想出来的，是试出来的。

　　威廉·莎士比亚（William Shakespeare）在《维纳斯与阿多尼》中指出："本来无望的事，大胆尝试，往往能成功。"而弗朗西斯·培根（Francis Bacon）也曾睿智地说："世界上有许多做事有成的人，并不一定是因为他比你会做，而仅仅是因为他比你敢做。"这些卓越者的共同特点，便是对行动的坚定执着。

　　成功的人并非天赋异禀，他们之所以脱颖而出，往往是因为比普通人多迈出了一步。这一步，或许微不足道，却足以将平凡与非凡分隔开来。

　　迈出这一步或许有点困难。但是，试试呗，万一呢？

不管做什么我都有收获

　　大学时期，沉迷于导演阿尔弗雷德·希区柯克（Alfred Hitchcock）电影的我，总被同学说："你不是导演专业的学生，也不是编剧，无须写剧本，看这种电影真是浪费时间。"

　　而我的想法是：开卷有益。只要是学到的知识，就总会有用得上的时候！

　　有一次，我去拜访一位行业内的顶尖人物，他是一家上市企业的投资人。面对这样的人物，我或多或少会紧张，不知道怎么开口跟他交流。

　　在我正想尽办法寻找一切可能的话题时，突然发现他们公司的一面墙上挂着希区柯克的电影海报。我就猜他可能是希区柯克的影迷。

　　跟这位投资人简单寒暄后，我不经意地提到"希区柯克"。

　　他露出惊讶的表情说："很少有女孩喜欢希区柯克，女孩大多更喜欢伍迪·艾伦（Woody Allen），你怎么会喜欢拍悬疑电影的导演？"

　　我说："我很喜欢他！"然后，我又说了一些我对希区柯克以及他的作品的看法。这位投资人的话匣子就这样打开了，我们从希区柯克的电影聊到了暴力美学。

　　看起来没什么用的爱好，却能在我不知道如何跟人交流时，瞬间帮我打开局面，并让我有机会跟这样的顶尖人物更深入地交流、学习，还有幸得到了合作的机会。

　　这让我更加确信：没有一步路是白走的，没有一页书是白看的。

　　不要在付出时，就想着一定要成功。你要先付出。人生中除了感情问题难以捉摸，在工作、个人成长以及人际交往方面，积极付出总是有益的。

"不管做什么我都有收获"的心态，无疑是能成大事者的标志。想培养这种心态，关键在于提高以下 3 个方面的认知。

1. 能量守恒，有舍就有得

在人际交往中，我认为很多事情都遵循能量守恒的法则——每一次付出都是有价值的。

举个例子。

在一个同事打算离职时，我身边的另一个同事提醒我："你不必费尽心思跟她处好关系，她很快就要离职了，到时候谁还记得谁啊？"

但我并没有听她的提醒。我还是跟以前一样，经常邀请她一起吃饭、逛街，有时还会帮她处理工作上的事情。"她要离职"的消息，对我来说就像朋友说"我要去外地待几天"一样，没有什么特别的。

所有事物都遵循能量守恒的法则。每一次付出，都是有价值的。

这个价值指的不是我的同事一定会回来请我吃饭，一定会送我礼物，一定会对我好，而是指坚守内心的信念——我要先懂得付出。

说来也巧，这位离职的同事跳槽到了一家规模非常大的创业平台，很快就升到了高级管理者的职位。后来在我创业时，她联系我说，她非常了解我们项目的优势，也非常了解我的为人，希望跟我建立深度合作。

之后，我们的确成功合作了一个又一个项目。

　　也许，如果我不那么热情地对待她，在她离职后也不联系她，我们之间虽然也可能有合作的机会，但是这个机会就会相对较小。

　　我想说的是，自己多付出一点，哪怕是小事，这些付出就会累积起来，推动自己成就大事。

舍得舍得，有舍才有得。你要相信，你在某个地方种下的种子，总会结出果实。

2. 向上的人生处处都是成长的机会

无论面对什么事情，你都要从正面、积极、成长的角度去看待，相信"无论何事，都能帮助我成长"。

举个例子。

　　周末在家，在休息或打扫卫生时，我都会打开电视，放一部电影。

　　"周末就应该在家睡觉、玩游戏"，这可能是一些人惯常的想法。但我的想法不是这样的，看电影对我来说也是一种学习。我不会坐在沙发上看，我会一边打扫卫生，一边听，我不想让我的大脑停下来。

　　有一天，我听到一部电影，内容是迪奥的诞生之路。我一直对服装品牌很感兴趣，听得很认真。后来，我还特意去网上查了迪奥的资料，对迪奥这个品牌有了更系统和深入的了解。

或许有人会觉得我学习的这些内容并没有实际意义，觉得我只是在浪费时间和精力。但是，我始终从一种积极的视角看待我所学习和经历的一切。对我来说，获得未知的信息本身就是一种收获。

举个例子，上班的时候，你去做一些本职工作之外的工作，例如帮助同事处理事情、照顾新人等，这些事情在有些人看来是吃力不讨好的。但在帮助同事时，你很有可能学到很多新的知识和技能。

某一天，你的领导突然说，需要一个具备相关知识和技能的人。这个时候，你就可以大胆举手："我会。"

"我会"，就是你向上的阶梯。

有一次，我去拜访一个重要客户，同事们对他的评价是性格冰冷、不好相处。大家都胆怯地往后退，没有人知道如何去破这层"厚厚的冰"。

问题是用来解决的，不是用来让人胆怯的。我发现这个客户穿了一身迪奥品牌的衣服。在自报家门，客气地打完招呼后，我不经意地说："我很喜欢迪奥这个品牌，迪奥有一个迪奥之家……"，然后深入谈了谈关于迪奥品牌、高级定制服装的看法。

他听了之后，非常高兴地从衣橱里拿出了好几件迪奥的新品给我看，还盛情邀请我："下次我们一起去逛街买衣服。"

之后，我们很顺利、轻松地切进了有关合作项目的话题。

我的同事感到不可思议并且非常羡慕地说："很难相信，这座大山被你撼动了。"

我跟客户谈话的内容，不是我凭空捏造的，而是我从电影中以及后来搜索的资料中学习的。我又想起大学同学问我的话："你做这些事情有用吗？"

你看，真的有用。

人生处处是学习的机会。别抱怨，抱怨就是在拒绝机会。去做，去行动，去留意每一个小细节，这里面藏的是推动你向上的巨大机会。

3. 什么是赢家？不求气粗，但求气长

看待所有事情，你都要坚持用全面长远的眼光——既看当下的"形"，也要看长远的"势"；既算"眼前账"，也算"长远账"。

举个例子。

我在刚创业时，公司只有几个员工。投资人让我报价估值，我说："低于 S 级别（投资 1 亿元以上）的项目，我不做！"

这是我在刚创业时的"口气"。

"6 亿元。"我没有半点犹豫就给出了公司的报价估值。

"凭什么？"投资人的表情很复杂，有疑惑，也有期待。

"凭我这个人！"

回看那个时候的自己，好像能看到身边很多人的缩影——有很大的梦想，要么不干，要么一定要干大事。

我之前的确做出了一些成绩，但我也被我想干的"大事"教育了。因为大项目不多，而且竞争压力很大，所以我们只做大项目，这就意味着公司有时候可能没有收入。而没有收入，公司的发展就会被限制。

我开始怀疑自己是不是不适合创业，但我不甘心。我主动寻求了一位朋友——一家上市公司的女投资人的帮助。虽然之前由于种种原因，她拒绝了对我公司的投资，但是我并没有对她产生不满，而是一直与她保持着联系。

"你对赢有误解，你认为只有操盘 S 级以上的项目才是赢，不是这样的。真正的赢是不求气粗，但求气长。"她说。

短短几十个字，却道出了我陷入困局的主要原因。

是啊，我想同时得到的东西太多了，我想要完成的目标太大了。人不可能一口气吃成胖子，我怎么能做到一步登天呢？

我开始对创业的成功与失败、对做事的输赢，有了新的认知。

"不求气粗，但求气长"这句话总在关键时刻在我的耳边回响，尤其是在做项目决策时。

后来，我开始接几百万元、几十万元甚至 10 万元的项目，先让公司有现金流，先活下来再说之后的事。可以说，之前的工作铸造了那个优秀的我，而创业锤炼出了这个务实的我。

　　回想这件事，我很感谢那个"听人劝，吃饱饭"的自己，能够不执拗于自己认知中空中楼阁般的成功，而是从拿到结果的人那里求答案。

　　如果我因为这位女投资人拒绝投资我的公司，就心生不满，不联系，甚至拉黑她，那后来我就得不到那句拯救我的公司，以及指引我正确地走向成功的金玉良言——不求气粗，但求气长。

　　没有人生来就是赢家，但是你可以一点点累积价值，成为真正的赢家。

总要赢一次吧

　　你在做事，尤其是在遭遇困境时，会不会秉持一种"佛系"①的心态——顺其自然，听之任之，让事情自然发展？

　　这种心态很可能是你逃避努力、选择"摆烂"的借口。真正的顺其自然，是在你努力尝试一次之后，坦然面对并欣然接受任何结果的心态。

　　举个例子。

　　电影《热辣滚烫》的主人公杜乐莹在生活和工作中面临了重重困境。

---

① 网络流行语，指内心平和，无欲无求的生活态度。——编者注

作为家中的姐姐，杜乐莹对妹妹很谦让，甚至答应将自己的房子过户给妹妹，帮助解决妹妹的孩子上学的难题。但是妹妹却对她的付出视而不见，甚至心生嫉妒和不满。

爱情的背叛更是让她痛不欲生。她曾以为与男友的感情坚如磐石，却不料男友竟与闺密莉莉偷偷恋爱。

更令她心寒的是，那个平时以关心姿态出现的亲戚，在关键时刻却背叛了她，将恶意剪辑的视频散播出去，让她背负了沉重的社会负面舆论。

如果你的生活正处于如此困顿之境，你会如何选择？

你是选择"躺平"，让一切顺其自然；还是选择努力改变当下的状态，对结果欣然接受？

杜乐莹选择了后者。

杜乐莹决定参加拳击比赛。

确立目标后，她立刻行动起来。她找到了专业教练，开始进行魔鬼训练。她严格控制饮食，成功减重 50 千克。她克服重重困难，终于拿到了参赛资格。

比赛的整个过程很激烈，杜乐莹的表现也非常出色，但是她并没有拿到冠军。

对于这个结果，杜乐莹坦然接受，并解释道："人生并非每次都能获胜，失败才是常态。但只要我们拼尽全力，就已经是赢家了。"

输赢既没有准确的定义，也不是人生的全部定义。杜乐莹从昔日"颓废"的生活，转变为过上健康作息与饮食的自律人生，是赢；从曾经的依赖他人，蜕变为学会依靠自我，是赢；从消极逃避现实，到勇敢面对挑战，是赢；从被人瞧不起，到被人尊重，是赢。

向上一步，就是赢了一次。一直向上，你就能赢得人生。

一个人追求的不应该只是外在的荣光与成就，更应该是一种内在的精气神。当你赢过一次，拿到想要的结果后，就证明你具备这种能力。这种正向的反馈，会让你更加自信，为下一次赢做好准备。

人生总要赢一次吧！

你可以从想赢开始，然后慢慢去赢得更多。

1. 赢：从想赢开始

每个人的心里都埋着一颗想赢的种子，你一定要找到它。

小Y是一名金牌手机摄影师。但是在成为"金牌"之前，她跌入了人生低谷——创业失败、失恋、背负债务，基本的消费都捉襟见肘，连3元钱的酸奶都舍不得买。

小Y不甘心，化悲痛为力量，开始了向上之路。

当天，小Y写了几十张便签——"成为金牌手机摄影师""成立自己的工作室""全网粉丝数量达200万"……这些便签贴满了出租屋的几面墙。然后，她开始加入学习群学习，主动申请当群助教。她慢慢得到老师信任，又成为授课老师，也建立了自己的短视频账号，开始教授跟当时的她一样的新手。

现在的她，几乎实现了那几面墙上贴着的所有梦想。

很多人说小 Y 是"苦心人，天不负"。我更想说，这是"想赢的人，天不负"。

如果只有苦心，没有决心，人就很难一直坚持下去、获得成功，但有想赢的心可以。想赢不是一个想法，而是一种推动力，推着你向前，推着你坚持，推着你成功。

不要只是用苦心去博成功，要种下想赢的种子，用坚定的信念去取得成功。

其实，每个人的生活里都有想赢的种子，它可能是想实现自己的梦想，可能是想满足父母的期望，也可能是赢过竞争对手。无论这颗种子是什么，种下去，开出的花都会好看。

我经常给自己种想赢的种子。

有一年年底，团队的伙伴跟我说，有一个直播平台举办了一场活动。如果直播成绩突出，就可能进入知识付费榜单前十名，获得奖杯。

在什么都没有做时，我的账号已经排在榜单的第十三名了。工作伙伴问我："进入榜单前十名就有奖杯，我们要不要争取一下？"

"必须争取！"

如果是榜单的第二十几名、第三十几名，那就算了。但是现在我们是第十三名，努力向上 3 步就能拿到奖杯，为什么不争取呢？更关键的是，我们未必比第十名差。

这一刻，我种下了想赢的种子。

然后，我增加了直播场次，连轴直播，并更多地跟直播间的人互动。我想尽办法去赢——我种下的种子，必须开花。

最后，种子发芽、开花了，比预想的开得更好看——我们拿到了第九名。

从想赢开始，去赢！

2. 再坚持一下，是不是就能赢

我的闺密兼合伙人在一次外出开会回来时很沮丧，因为她最爱的一顶帽子丢了！

别人遇到这种事可能会说"没关系，大不了我再给你买一顶，不值得花时间去找"。但我知道，她真的很喜欢那顶帽子。

我跟她说："我去帮你找帽子。"

我想赢一次，想给闺密"失而复得"的开心。

我开始回想和梳理帽子"失踪"的过程。我记得坐出租车的时候帽子还在。因此，我果断排除了帽子遗失在出租车上的可能性。

我决定下楼去找，我猜帽子可能是在我们下车时不小心掉地上了。但是，在周围仔细找了一圈后，我们都没有发现帽子。闺密有了放弃的念头："算了，不找了，我认栽。"

我不认。我觉得还有办法可想，还有余力可使，还能向前一步，就不要放弃。

我知道她心情不好，就让她先上楼去等我。

我们下车的地方是监控盲区，我只能跑到临时停车场附近，问门卫有没有人捡到帽子。门卫说没有注意这件事。我还是没有放弃，继续问："那您有没有看到有清洁工来过这边？"

门卫说，清洁工刚来过。我问他有没有清洁工的联系方式，他果然有！我向他说明了帽子丢了这件事，表示想要和清洁工联系一下，问问她有没有见到我们的帽子。门卫很通情达理，给了我们清洁工的联系方式。

我立即联系清洁工，她说自己确实见到了那顶帽子，已经交到大厦的物业管理处了。于是，我连忙跑到物业管理处拿回帽子。

在我将帽子递给闺密时，她都要感动哭了。这可能是被"失而复得"的帽子感动的，也可能是被我向前的一步又一步感动的。

"丢帽子"的故事后来刻进了闺密的骨子里。她说，她在做很多事情，如丢东西或者推进项目遇到问题时，都会想到这个故事，想到我的"咬牙坚持"和"赢一次"。她说，这个办法真好，她总能向前一步又一步地赢得自己想要的东西。

你可能会觉得找帽子这件事很小，但是我想说，坚持去赢一次是一种习惯。

成功就是当你想放弃时，再坚持一下。前面的 99 步大家都会走，后面的最后一步是少有人走的。你再坚持一下，迈出那一步，就会成功。

对每个人来说，"赢一次"可能完全是不同的形式：也许是想尽各种招数找回一顶帽子，也许是坚持每天早上跑5000米，也许是突破胆怯当众做一次演讲，也许是签下最严苛的客户，也许只是勇敢又坚决地说"不"……

你要赢的从来不是别人，也不是事，而是你自己。每一次突破，每一次心智的锤炼，每一次拼尽全力的果敢，都是你的"赢一次"。

想赢，就去赢！

被拒绝，又怎样

"你每天拜访10个客户，如果每个客户都跟你说'不'，我一天就给你50美元。"

他很惊讶和不解，公司领导为什么要安排这么简单且轻松的工作？但他没有多问，反正他在乎的不是做什么，而是拿到50美元。

他每天努力工作，拜访客户，期待每天都有10个客户跟他说"不"。

有一天，他已经被6个客户拒绝了，并开心地继续寻找第7个说"不"的客户。但是，第7个客户出乎他意料地说了"好"，答应了投保。

那一天，他没有拿到 50 美元，但他拿到了比 50 美元高出很多的奖金。

他就是后来被誉为"保险教父"的梅第·法克沙戴（Mehdi Fakharzadeh）。

你看，当你不把被拒绝当成一件大事时，被拒绝就一点也不可怕，而且在一次又一次的被拒绝中，你大概率会迎来被接受，获得更多。

很多时候，你害怕的并不是被拒绝，也不是产生被拒绝后的感受，而是失去。

被拒绝，你会失去什么呢？也许只是自尊心和面子。但你不知道的是，当别人接受你时，你能获得多少。

在决定行动前，你可以算一笔账，算一算付出的代价与可能获得的回报。同样地，你也可以算一算，如果不采取行动，你会失去什么、得到什么。

如果你不行动，那么你注定一无所获，这本身就是一种失去。一旦你开始行动，你至少有 50% 的概率获得成功，即使失败了，也只是失去了 50% 的可能性。这样的投资，无疑是稳赚不赔的。

被拒绝能怎么样呢？行动起来就够了！

如果你还有迟疑，我有 3 个"行动引擎"分享给你。

1. 有枣没枣，先打两竿再说

不要提前暗示自己会被拒绝，有枣没枣，先打两竿再说。

害怕被拒绝的人，往往抱有一种心态：期待一次性做到完美，追求极致的结果。这种心态只会让你踯躅不前。这个时候，你应该拉动行动引擎，告诉自己：有枣没枣，先打两竿再说！

当你不再关注能打到几颗枣，打到的是大枣还是小枣时，你也就不再害怕被拒绝了。

需要什么，想要什么，你就大胆去要，不要害怕被拒绝。你只是正当地提出请求，并没有强迫别人必须答应，毕竟那是别人的事。

正视自己的需求，敢于争取想要的一切，接受被拒绝，是人生向上走的重要一步。

2. 被拒绝本身是一个正向反馈

"我拒绝你不是因为你不好，而是因为你太好了。"

很难想到有一天，我被别人真诚的拒绝打动了。

在刚开始创业时，我非常积极地找融资。在我的努力推介下，不少投资人对我的项目都表现得很感兴趣。

但是，他们只是感兴趣，并没有实际投资。

我还没有拿到结果，还要继续见投资人，继续寻找机会。后来，我遇到了一位年轻且思维开放的投资人。

我问他："我今天介绍的项目你感兴趣吗？"

他回答"很感兴趣"。

我又问："你觉得这个项目有前景吗？"

他说"有前景"。

我继续问："那你会投资吗？"

他很有诚意地说："我觉得你们项目的运作已经非常成熟，好像不需要我再做什么了。"

我恍然大悟。我才发现，在之前的交流中，我过于强调项目好的一面，忽视了展示公司的困难和需求。因此，投资人以为我并不需要他们提供任何支持，他们只需要做个听众就可以了，甚至我很容易被人误解为是来炫耀自己的公司和项目的。

于是，我开始调整策略。

后来见投资人，我会非常坦诚地介绍自己需要融资。他们听懂了我的需求，很快，我们公司就拿到了第一笔融资。

被拒绝，不一定是因为"你不好"，也可能是因为"你太好了"。只有找到被拒绝背后的真正原因，你才能知道下一步应该往哪里走。

你要相信被拒绝是一种正向的反馈信号。你不要让被拒绝定义你，而要用被拒绝后的行动定义你。没有谁的人生会一帆风顺，被拒绝是常态，有时候甚至是合情合理的。

我觉得，被拒绝的真正价值在于，一方面，你想要并且敢于探索被拒绝背后的答案；另一方面，你要坚信自己正在做的事是有用的，它能够帮助你找到正确的方向。

3. 少问"为什么"，多问"凭什么"

你一定会遇到被拒绝的情况。与其追问"为什么"，不如反思"凭什么"。

我在刚进入综艺行业时，参与筹备了一档娱乐节目，我主要负责邀约嘉宾。刚开始，在邀约嘉宾之前我会挣扎很久，尤其在面对知名度高的嘉宾时。我总是预设自己会被拒绝，邀约之前我会一直内耗和自我怀疑。被拒绝几次后，我更是怀疑这、怀疑那。

"是我的节目不够好吗？还是我介绍得不够好？"

我觉得这样内耗下去不是办法，这样更邀约不到嘉宾了。

我开始转换思考问题的方向。

"人家凭什么要来参加节目？"

"人家拒绝我是对的。如果是我接到这样的邀约，也会拒绝对方，不是吗？"

"我凭什么才能不被拒绝呢？"

从"为什么被拒绝"到"凭什么才能不被拒绝"，是心态的转变，更是能量的回升。

我思考后找到了一些答案。比如，我在打邀约电话时，要跟对方强调我们节目的制作班底和收视率，强调可以帮助他提升知名度，或者争取到很好的合作机会。

我在说这些话时，对方一点也不着急挂电话，反而在很认真地听。

慢慢地，我谈成了第一个邀约。接着，第二个、第三个……我成了我们组邀约率最高的人。后来，我晋升为制片人。

"正视被拒绝"的心态让我更加从容，不再患得患失，专注于如何达或目标。在实践中，我发现这样的心态更容易成事。

无论是被拒绝还是被接受，对我来说都是一次有效的反馈。我感激那些敢于拒绝我并指出我问题的人，这些问题可能是我无法察觉的隐患。早点发现问题，我就能早点改正，从而更早地迈向成功。若没有遭遇拒绝，我可能会长期被这些问题困扰而不自知，那才是比被拒绝更可怕的。

害怕被拒绝在心理学中被称为"拒绝敏感"，是指人们对拒绝的焦虑预期、准备性知觉和过度反应的一种倾向。从心理学来说，应对"拒绝敏感"可以采取以下几种措施。

- 允许自己害怕被拒绝；

- 告诉自己，被拒绝是人生的常态，人人都会被拒绝；

- 当你被拒绝后，不要去想你当时有多难堪、有多紧张，而是回忆一下你当时穿的衣服、梳的发型、口红的色号等让你感到舒适甚至快乐的信息；

- 回忆 3 件你觉得自己做得很棒的事情，并且写下来，为自己鼓掌；

- 相信所有的被拒绝都不是大事，相信"失之东隅，收之桑榆"；

- 回顾被拒绝的过程，寻求反馈，并付出改善的行动；

- "脱敏"训练——被小张拒绝了，那就找小王试试；被小王拒绝了，那就找小李试试；被小李拒绝了，那就再找小周试试……你一定会遇到不拒绝你的人。

知名斯多葛派哲学家塞涅卡（Seneca）曾说："谁战战兢兢地提出请求，谁就一定遭到拒绝。"要想成功，就请大胆地提出请求，坦然面对可能的拒绝。

被拒绝并不可怕，它只是告诉你，你需要换一种方式去实现目标。

此路不通，就赶紧去找别的路。

让子弹飞一会儿

大树想要向上长，先要向下扎根。

向上的人都能沉住气。

如果你被上司误会了，别着急解释；

如果你的客户拒绝合作了，别着急挽留；

如果你付出了努力却没拿到结果，别着急放弃。

……

气定则心定，心定则事圆，让子弹飞一会儿！

你要知道，沉住气，就有可能迎来转机。

举个例子。

"我要把这个客户拉黑，他太不靠谱了。跟这样的人怎么合作？"

有一次，我去青岛出差，刚下飞机打开手机，就看到一个学员给我打了十几个电话。我赶紧拨回去，问她有什么急事。还没等我开口，她就已经开始疯狂输出，责备、抱怨她的客户。

我问她怎么回事。她说，她和一个客户建立了合作关系，因为是异地合作，所以前期的沟通基本靠打电话和发信息。对方想采购产品，问她报价、产品方面的资料和信息。客户表现得非常着急，因此她立即把客户需要的信息发过去。她满怀信心，认为这次一定可以达成合作。

但是，她两天都没有收到客户的回复。

两天后，客户回复她，他们这几天忙着开会，稍后回信息。当天晚上 10 点，她还是没有等来信息。

她着急了，给对方打了几通电话，但对方并没有接。她的心态有些不稳了，内心怒火冲天。

第二天一大早她就给我打了十几个电话。她非常恼火地说："这人怎么这样？当时找我要资料的时候那么着急，我给他了，他怎么又不着急了呢？还不搭理我，不回我电话。我以后都不想跟这种没有诚意的人合作了，我要把他拉黑。"

我告诉她，要先考虑到这位客户的职位较高，有很多要处理的事情。另外，你要知道，他不只跟你有合作关系，他也有很多客户，有很多事情需要他去洽谈。而且，他可能还要跟公司的其他负责人沟通采购的相关事情，他不能一个人做决定。很可能是其他人还没有给他准确的答复，导致他没法回复你。又或者，他正忙着处理棘手的事情，没有时间回复你。不要给客户发完他需要的东西后，就期望他立刻回复你。更不要在客户没有回复你的时候胡思乱想，而且时间也没有多久，还不到一个星期。

我说："客户看到你的电话一定会回的。再等一等，让子弹先飞一会儿。再说，你也可以多问问。"

多等、多问，不会有损失。

她说："我听你的，我先忍一忍，今天先去干别的事。"

第二天，她发信息跟我说："姐，还是你厉害！"

客户隔天早上给她回电话，说自己之前工作很忙，一直奔波在出差的路上，没有时间看手机。回到酒店已经凌晨一两点了，怕打扰她休息，就没有回电话。

那天早上，他刚好得空，就回了电话，确定了合作的事情。

她非常感慨又激动地说："姐，幸好你劝住了我，我没有拉黑他，让我保住了一单生意。"

沉不住气的人，都很容易"玻璃心"，猜这猜那，想立即寻求一个答案。

你有"玻璃心"吗？你会不会在同事说你不好时，就立刻找他对质？想要以眼还眼，以牙还牙？客户拒绝你，你是不是马上要追问原因？上司说你工作还有改进的地方，你是不是立刻反问，到底是哪里做得不好？

这就是沉不住气的表现。沉不住小气，很可能坏大事。

让子弹飞一会儿。

未来瞬息万变，谁又知下一秒会迎来怎样的转机？

静待子弹飞行的过程，就是转机悄然靠近的时刻。别急着自证，答案就在时间里。

1. 别着急自证

我的一个好朋友向我倾诉了她的遭遇。同事抢走了她费尽心思做的方案，并先于她向公司领导汇报，同事被公司领导夸奖了，还获得了一次进修的机会。

她很委屈，认为这本来是提升自己的大好机会，却被同事夺走了。她要揭露真相，夺回属于自己的东西。

我问她："你觉得你同事的日常工作表现怎么样？"

她愤愤不平："她能力平平，只会讨好上司，实际工作并不出色。"

我说："那既然如此，你又何必急于行动呢？如果公司领导因为欣赏你同事的方案而重用她，那必然是看中了她在方案背后的某种能力，而这正是你同事所欠缺的。何必忧虑？你只需要等待时机。"

不出所料，公司领导重用那个同事不到一个月，就发现她的能力并不突出，转而让我的好朋友去负责跟进重点项目，并安排了一次更系统的学习。

高能量的人从来不急于揭露真相，不急于自证。这些人深知无须证明自己，就像没有一棵树需要证明自己是一棵树。

如果你沉不住气，急于回应或辩解，往往会适得其反，容易陷入自证的陷阱。

自证的背后其实是一部分的你认同了对方的评价。心理学有个定律：我们不会对和我们无关的东西产生情绪反应。当你急于自证时，你的能量和信心便被逐渐消磨，你越挣扎，越容易陷入其中，最终得不偿失。

向上的人生，从跳出自证的陷阱开始。

无论遭到质疑、否定，还是遇到难题，你都要学会沉住气，将自证转化为他证，把答案交给时间。

2. 别着急要答案

在面对很多事情，尤其是被误解和质疑时，你是不是常常急于解释和争辩，追求即刻的是非曲直？

人生的舞台很广阔，很多事情的发展需要经过时间的沉淀。时间到了，真相往往就会浮出水面。

有一个很经典的故事叫"阿基米德与金冠"。

古希腊国王给金匠一块金子让他做一顶纯金的皇冠。皇冠做好后，国王担心工匠在皇冠里掺杂了银子。于是，国王命令阿基米德鉴定皇冠是不是真金，并且要求不能破坏皇冠。

阿基米德尝试了很多方法，依然没有办法完成。他只好放弃，准备好好洗个澡，迎接第二天被国王处罚的命运。

但就在他洗澡时，灵感突然闪现。

他躺在浴盆中，发现水位上升，同时感觉身体变轻。

当他站起来时，水位下降，身体感觉沉重。他恍然大悟，这一定是水对身体产生了浮力。

这个发现为阿基米德解决国王的难题提供了关键线索，问题的核心在于密度。如果皇冠中掺有其他金属，其密度将会有所不同，即使重量相等，体积也会有所差异。

于是，阿基米德将皇冠与等重的金子同时放入水中。结果发现，皇冠排出的水量大于金子，这证明皇冠并非纯金。更重要的是，阿基米德借此发现了浮力原理，即物体在水中所受浮力等于其排开水的重量。

心理学中有一个效应叫"酝酿效应"，指当人在困境中冥思苦想却无解时，往往会感到焦躁不安。然而，如果此时暂时放下问题，转而做其他事情，甚至是一些看似无意义的小事，解决方案可能会突然出现。

性子急的人或许很难立刻培养出沉住气的心态，但可以尝试每次给自己一些心理暗示，通过以下几个问题的思考来调整心态。

"这个问题真的需要立刻得到答案吗？"

"3 年之后我还会在意这个问题吗？"

"如果我能够耐心等待，是否有可能发现更好的解决方案？"

"如果我此刻做出了冲动的决定，长远来看会有什么后果？"

这些问题可以帮助你从更宽广、更长远的角度审视当前的问题，让你避免被情绪所驱使，从而做出更理智和明智的决策。

人与人之间的差距，往往在于面对困境时，能否沉住气。沉不住气的人，大概率会出局；而沉得住气的人，一定有机会脱颖而出。

你要沉住气，耐得住，等得起。

牌不能只抓得好，还要打得好

牌抓得好不是本事，打得好才是能耐。

举个例子。

一次，在一场沙龙活动结束后，闺密媛媛发信息跟我诉苦："活动太累了，我在家整整躺了两天才缓过来。"

我非常惊讶，问她："至于吗？你年纪轻轻的，体力这么差？"

她不好意思地表示，虽然这次活动给她带来了很多收获，但是在北京和她工作的城市来回奔波，让她很累。相比于她平时两点一线、朝九晚五、周末双休的工作，参加这次活动对她来说，的确有点吃力。

我开玩笑说："看来你的工作还是太轻松了。"

然后，我跟她分享了我的工作状态。我周一到周五要忙直播的事情，同时还要筹备一些活动。例如，这次沙龙活动，我不仅要全程参与筹备，还要穿着高跟鞋站五六小时，持续输出内容。沙龙活动结束后，我要与合伙人商讨工作事宜。周一，我还要从北京赶回杭州，开始新一周的忙碌。但是，我累并快乐着，我能从工作中找到自己的价值，在忙碌中实现向上的目标。

听完我的话，媛媛很有感触。她感叹道："看来我确实是在舒适的环境里待久了，在不知不觉间就失去了那股向上的冲劲。现在的我，好像做什么都觉得累，连梦想也变得遥不可及。我知道自己不应该这样，但就是缺乏改变的力量。"

她跟我说，她是独生女，家庭条件不错，从小就过着衣食无忧的生活。大学毕业后，她有了一份"铁饭碗"的工作。她的一切都很安稳。但是，她想要改变当前的自己，摆脱目前无所事事的状态，去做自己真正想做的事情。

我问她："那你为什么不改变呢？"

她说，她生活和成长的环境让她缺乏改变的动力，她身边都是这种状态的人。她想改变，但又改变不了。因此，她开始内耗。

按道理来说，媛媛的人生底牌很好。学历、能力、"铁饭碗"的工作、家庭经济条件、父母的支持，这些都是重要的人生底牌。相较于很多人，她可以算是抓到了一副"俩王一炸"的好牌。

但是，她没有好好去打这些牌，反而握着一手好牌看着别人出牌。

媛媛问我："姐，我现在打还来得及吗？"

我说："你再不打就溃不成军了。"

她听了之后，很快打出了第一张牌——开始学习，并且开启了自己的创业之路。现在的她每天工作充实，心态阳光积极，身体也比过去更健康了。她说，过去稍微一动就累得不行，现在天天活力满满。

她说："姐，我太喜欢这种每天都动力十足的生活了！"

影响人生底牌的因素有很多，例如家庭、环境、经济等，不一而足。但是，这并不意味着你的人生已注定无法改变。只要你下决心改变，全力以赴，无论你手中握着什么牌，都有可能打出令人惊艳的效果。

不要为人生设限，每一刻都是新的开始，每一秒都有可能出现转机。

1. 输赢不在牌面，请倾尽全力出牌

一些手握好牌的人，以为胜券在握就随意出牌，最后输了。而那些抓到烂牌的人，可能因绝望而自暴自弃，最后也输了。

输赢不在于牌面，而在于你是否倾尽全力去打牌。

我在《埃隆·马斯克传》中读到的一个故事，让我印象非常深刻。

2003年12月，埃隆·里夫·马斯克（Elon Reeve Musk）

携 SpaceX 制造的猎鹰 1 号亮相华盛顿，震撼了美国航空航天局（NASA）的肖恩·奥基夫（Sean O'Keefe）局长。他随即指派他的副手利亚姆·萨斯菲尔德（Liam Sarsfield）深入评估 SpaceX 这家充满活力的公司。

经过详尽调查，萨斯菲尔德向局长报告：NASA 投资这家公司是有必要的。

随后，萨斯菲尔德与马斯克通过电子邮件就专业问题进行了深入的交流。然而，令人意想不到的是，2004 年 2 月，NASA 未经竞标，竟将一份价值 2.27 亿美元的合同授予了 SpaceX 的竞争对手。这份合同关乎为国际空间站提供补给火箭，而马斯克坚信 SpaceX 完全符合要求。他质问萨斯菲尔德，得到的答复却是对方财务状况不稳，NASA 要避免其破产。

知道竞标失败后，多数人大概率会选择退场，不再深究。或许也有人会尝试追问原因，但当对方给出看似合理的解释时，这些人同样会选择退场。

但马斯克没有。面对荒谬的拒绝理由，他全力以赴地应对。

萨斯菲尔德给出的解释激怒了马斯克，他认为 NASA 应鼓励创新，而不是扶持濒危企业。于是，2004 年 5 月，马斯克毅然起诉 NASA。

尽管周围人纷纷劝他，他仍坚持自己的想法："他们的所作所为就是错误的，是违背市场道德的，我要起诉他们。"

最终，SpaceX 在这场纷争中胜出，局面彻底扭转。

NASA 被迫公开竞标，SpaceX 凭借实力赢得大量订单。这个胜利不仅对 SpaceX 意义重大，更推动了美国太空计划的市场化进程。

人生这场牌局，没有人能永远手握好牌，马斯克也不例外。

当你手握烂牌，或者遇到强劲对手时，你该怎么办？你应该倾尽全力把手中的牌打好，发挥每一张牌的价值。

抓到什么牌不重要，重要的是你要把每张都打出"王炸"[①]的效果。

2. 坚守牌桌，逆袭成"王"

成事的一个重要前提是：坚守牌桌，持续拥有抓取新牌的机会和勇气。

举个例子。

我刚到杭州开始直播时，公司要求我每周直播 4 次，每月至少 20 次。同事们说，只有保持这样的高频率，直播才有可能拿到好成绩。

我听他们的，保持了这个直播频率，但观看我直播的人还是很少，我一直无法突破这个瓶颈。

我能承受这个结果，无非就是慢慢摸索，慢慢积累经验。但是，团队中的很多人都在配合我的工作，我不能让

---

① 网络流行语，形容隐藏到最后，给人重磅消息的事情。

他们的辛苦付出白费。因此，我请教了公司负责头部主播直播运营的前辈，问他有没有什么方法可以提高业绩，希望他可以指导我。

他很直接地说："你先完成 500 场直播，再来跟我谈这些。"

后来，我每天保持 3～4 场的直播频率。有时候，甚至一天能直播 5 场。身边的人都说"你太拼了吧"，他们担心我的身体吃不消。

有人关心我，也有人质疑我。一些人质疑我选择的赛道，认为"向上成长"并不是一个热门或长期的领域，也有人认为我的形象在直播领域根本不占优势，甚至有人认为我做直播是非常丢脸的事情。

面对这些质疑和冷水，我没有动摇。我相信自己的选择，我为我的选择努力。

但我也有累到想放弃的时候。这种时候，我会问自己：我真的尽力了吗？所有方法都尝试过了吗，还是仅仅因遇到困难而退缩？

反思后，我会调整自己在直播中做得不好的地方，一直复盘，一直改进。

最后，我在这片不被看好的领域开辟出一条崭新的路，我的自媒体账号在各平台均取得了很好成绩。

做完 500 场直播后，那位头部直播运营说可以抽空聊聊了，我笑道："这 500 场直播给我上了足够多的课。"

在人生的牌桌上，很多时候结果会出人意料。只要你坚守牌桌，就能抓取新牌，翻盘逆袭的机会随时可能出现。

或许你在出生时并没有手握一副好牌，或许你在高考时没能进入心仪的大学，或许你没能入职世界 500 强公司，又或许你在创业时没能准确把握时代趋势……但是，这一切都不能完全描绘你的人生轨迹，更不足以给你贴上失败的标签。每个人的牌局都有其独特的地方，关键在于如何让自己手中的牌发挥最大的价值。

你要相信，逆风翻盘不是神话，而是那些不愿被定义的向上的人们的真实人生故事。

第 2 章

立人设：

打造个人形象的 の 个步骤

立人设，不怕窄，就怕宽，
找到真实的自己才能立得住。

你不需要成为别人，
只需要成为更好的自己。

你的价值可能比
你想象的要大得多。

认识自己，找准位置，
IP 才立得住。

成功的个人 IP 独一无二，
难以复制。

找自己：我是谁

立人设，不怕窄，就怕宽。一个人如果随心所欲地立人设，最终很可能落入"四不像"的尴尬境地，什么人设都立不起来。

一个成功的人设，首先要能够准确地回答那个永恒的哲学问题——我是谁？

举个例子。

我有一个相处了十几年的好朋友。她一直在互联网大厂工作，直到晋升到高层管理职位。

那时，我去创业做短视频一段时间之后，粉丝数量已经积累到四五十万。对此，她说："你这种视频太简单了，不就讲讲段子吗？段子手也能有这么多粉丝啊，那我也行。"

我没有反驳，而是给出了真诚的建议："你当然很适合做自媒体，但你在互联网大厂工作了这么多年，肯定拥有很扎实的职场经验，你更适合做职场专业性的内容，这部分知识有很多职场新人需要，值得一做。"

一段时间后，她拍了一些视频给我看，问我如何。

我一看，她拍的全是手势舞。我问她："你为什么拍这种视频啊？"

她说："我看某某明星拍得很好看，而且播放量很好。我本来也打算拍你说的职场类视频，但要写脚本、背脚本，我觉得太麻烦了，还是拍这种视频比较简单。"

她又接着问："我这样是不是更容易火？"

因为是很好的朋友，所以我直言不讳："你看现在这个数据，你觉得能火吗？"

她以为她掌握了所谓的"流量密码"，但其实并没有。

我接着说："手势舞不难，难的是成为这个人。你模仿的是一位知名度非常高的明星，人家拍什么都自带关注度。你不可能成为这个人，你模仿她拍手势舞也不太可能成功。"

她听完后，若有所思："看来真是隔行如隔山啊，哪怕是做短视频，也要掂量自己是不是适合啊！"

每个人在做事之前，都需要对自己有清晰的认识，不要盲目地用自己的劣势挑战别人的优势。

我告诉她，很多刚进入职场的年轻人，非常需要经验丰富的职场前辈的引导。比如，如何择业、如何处理人际关系、职场如何穿搭等。她作为在互联网大厂里摸爬滚打多年的前辈，完全可以在短视频中分享这些内容。

她采纳了我的建议，在短视频中分享自己的企业管理经验，记录自己的职场生活。一段时间后，她告诉我，短视频虽然没有爆火，但粉丝定位非常精准，粉丝数量也从几十个涨到了几千个。虽然她短期内没有通过短视频直接获得经济上的回报，但是已经有一些企业和学校邀请她去讲课了。

立人设，最怕的就是盲目跟风。成功的个人 IP 不是流水线上的产品，一比一复制就能出炉的，它是时代、环境、机遇和个人特质完美融合的产物，独一无二，难以复制。

认识自己，找准位置，IP 才立得住。

很多人可能会说"我不做短视频，也不做博主，我不用立人设，打造个人 IP"。

一提到个人 IP，大多数人都会认为个人 IP 就是做短视频账号，做自媒体。但实际上，即使你不做短视频账号，也要有人设的概念，把自己当成公司来经营。既然开公司，就要有企业文化、组织架构、核心产品、销售团队和客户群体，尤其是你要关注公司的收入和利益，要让公司正常运转和稳定发展，持续盈利。让"你"这家公司，时刻保持竞争力。

当你一个人就具备一家公司应该具备的特质时，你做什么事都更容易成功。

但无论在哪方面立人设、打造个人 IP，我们都要回到上面那个问题——我是谁？

知道"我是谁"，最简单、直接的方式就是"照镜子"。人要学会照两面镜子：一面镜子来自内在，一面镜子来自外在。

1. 自我觉察：内在的明镜

你的内心就是一面明镜，它能够映照你最真实的样子，帮助你看清自身的条件和特点。

我常常会问身边的朋友："你了解你自己吗？"

他们总是非常确定地点头，好像在这个世界上，没有人比他们更了解自己。但是，当我进一步抛出以下几个具体的问题时：

"你跟别人比有哪些优势？"

"在你的人生中，有哪些骄傲的瞬间和成就？"

"你的缺点是什么？"

……

他们的回答开始变得不那么确定了，眼神中闪烁着犹豫："让我想想……""我的缺点，可能是……""我好像真的没什么特别大的成就。"

你既是最了解自己的人，也是最不了解自己的人。之所以最了解，是因为你离真实的自己最近，是解读内心真实想法的最佳人选；之所以最不了解，是因为你往往把目光投向外界，关注他人，却忘了向内探寻自己。

认识自我，知道"我是谁"的过程，其实就是不断向内探索、自我发问的过程。通过独立思考，你可以像剥洋葱一样，一层一层地揭开自己的面纱，发现那个真实、立体、多面的自己。

为了更深入地了解自己，你可以尝试向自己提出以下问题。

"我的价值观和信念是什么？"

"我的优势与劣势是什么？"

"我热爱什么，又有哪些特别的兴趣爱好？"

"我的性格特质是什么？"

"我在哪些领域拥有独特的专长和技能？"

"哪些事情能够点燃我内心的激情，让我全身心地投入其中？"

......

人是多维而丰富的存在。你提出的关于自我的问题越多，越利于你照见一个完整的、真实的自己。

2. 他人反馈：外在的"哈哈镜"

人生就像一张巨大的关系网，而你身处其中，每一种关系就像一面哈哈镜。透过它们，你能看到不同的人对你的不同解读，或缩小或放大，总能照见某一面的你。

人生中有 3 面来自外在的"哈哈镜"，能够帮助你认清自己的本质，照见你的闪光点与需要改进的地方。

第一面"哈哈镜"：你的原生家庭

这面"哈哈镜"由与你共同生活的父母、兄弟姐妹组成，他们与你共度了无数日夜，是最能洞悉你本质的人。

　　你可以与家人进行深入的对话，了解他们对你的看法和评价，发现那些你可能忽视或没有意识到的特质。同时，你也可以细心观察自己在家中的一举一动，比如行为模式、沟通方式和情感表达，从中发现那些隐藏在你日常生活中的习惯和性格特点。

　　举个例子。

　　　　我有个闺密，她和老公一起创业打拼，共同将企业经营得风生水起，是大家眼里雷厉风行的女企业家。

　　　　有一次闲聊，她跟我说："例子姐，其实我很焦虑。"我以为她在公司经营方面有压力，正打算开解她，没想到她下一句是："我觉得自己长得不出众，口才也一般，现在公司新员工越来越多，我担心员工们会瞧不起我。"

　　　　我很意外，问她："你为什么会这么想啊？"

　　　　她很不好意思地跟我讲了她内心的困境，原来这源于她的原生家庭。

　　　　她来自一个兄弟姐妹很多的大家庭，家里的孩子各有各的才华。哥哥高大帅气，成绩优异，是家人的骄傲；妹妹多才多艺，擅长音乐和舞蹈，在社交媒体上有很多粉丝，是家里的"小明星"。相比之下，她显得很普通，没有别人认为"好看"的外貌，也没有什么才艺，从小学习成绩也一般。在小时候跟家人的相处中，她总觉得自己像个局外人，尤其是每次她说话被打断或忽视的时候。

　　原生家庭对她的忽视像一颗种子，悄悄地种在了她的心里，让她开始怀疑自己的价值。即便如今事业有成，她仍不由自主地担心员工们会瞧不起她。

原生家庭这面"哈哈镜"，总在不经意间影响着你的性格、习惯。但很多时候，你却忽视了这一点。不妨回头审视一下自己的原生家庭，或许你能在那里找到真实的自己——那个可能有些自卑，但也可能充满潜力的自己。

第二面"哈哈镜"：你的新生家庭

这面"哈哈镜"由你的新生家庭成员组成，特别是那个与你携手共度人生的另一半。你的伴侣是你日夜相伴的知己，是另一个能深入你灵魂的洞察者。

Z 女士的丈夫就是这样一个伴侣。

Z 女士的丈夫是一个情绪稳定、阳光开朗的人，就像她生活中的一盏明灯。他总是能在她需要时给予最真挚的鼓励，让她看到自己的闪光点。更让她惊喜的是，她发现自己从丈夫身上看到了许多自己欠缺的优点和特质。

例如，她的丈夫总能以乐观的心态面对生活中的挑战和困难。每当她陷入困境时，丈夫总能冷静地分析问题，并提出积极的解决方案。此外，丈夫的细心和体贴也让她自愧不如。他总能注意到她细微的情绪变化，并在第一时间给予她关心和安慰。

通过与丈夫的相处，她逐渐发现了自己身上欠缺的这些优点和特质。她开始学习丈夫的乐观、细心、体贴和责任感，努力让自己变得更加完美。

当然，你也可能没有 Z 女士那么幸运，遇到的是另一面"哈哈镜"，照见的是懦弱、卑怯与不幸。我想告诉你，这恰恰是你脱胎换骨的机会。如果你照见了这样的自己，说明这面"哈哈镜"映照出你内心深处的伤痛，治愈它，你将化蛹成蝶。

第三面"哈哈镜"：你身边的好友

身边的好友是你自我认识的宝藏库。你可以直接向他们敞开心扉，询问他们眼中的你是怎样的；也可以通过观察、搜集他们的反馈，反思自己的行为和态度，从中洞察自己，认识自己。

　　Z 女士有一段时间陷入了迷茫，明明工作任务繁重，却总是无法静下心来。她开始自我反思，想知道自己身上到底出了什么问题。

　　当她翻看朋友圈时，发现自己最近一段时间和身边好友分享的内容都是关于玩乐的，他们常常一起玩到深夜还乐不思蜀。这让她开始思考：我是不是在不知不觉中变得贪图安逸了？长此以往，我会成为一个什么样的人？

　　在朋友圈这面"哈哈镜"前，她似乎看到了一个不思进取、生活颓废的自己，而这并不是她想要的。于是，她快速调整了自己，让自己的生活慢慢回到了正轨。

与你同行的人，往往会在某种程度上映照出当下的你。

当你仔细对照内在镜子和外在镜子后，你可能会发现一个问题：为什么自己眼中的我和别人眼中的我存在差异？究竟哪一个才是真实的我？我要基于哪个自己立人设呢？

自己眼中的我与他人眼中的我存在差异的主要原因是：主客体视角差异。

举个例子。

在丈夫的眼中，妻子是个事业有成的强者，但在家庭琐事上可能稍显疏忽，对家人的关爱似乎有所欠缺；而妻子则坚信自己是个有事业心的女性，虽然不能事事亲力亲为，但对家庭的付出绝对真诚。

那么，丈夫的评价与妻子自己的评价哪一个才是客观的呢？哪一个才是真实的妻子呢？

在不同的关系中，"我是谁"这个问题似乎没有固定答案。只有跳出这种主客体的局限，用更宽广的视野来审视自己，才能找到那个客观的立足点。

想象一下，如果你试图在一片破碎的镜子中看清自己的脸，那无疑是困难的。但当你站在一面完整的镜子前，你的形象就会一览无余。因此，你需要结合自我认识和他人反馈，进行综合评估，找到最真实的自己。这个你，才是立人设的立足点。

立人设，始于真我，升华于不断的自我超越和成长。

我的立足点和价值是什么

"我就是路人甲，没有特点，没有优势。这样的我怎么可能打造个人 IP？"

"我想了半天，也想不到自己有什么优点。像我这样普通的人，谁会关注我啊？"

"我感觉自己微不足道，没什么价值可言。"

……

爱因斯坦曾说："每个人都身怀天赋，但如果用会不会爬树的能力来评判一只鱼，它会终其一生以为自己愚蠢。"你之所以开始质疑自己，认为自身没有闪光点、没有价值，或许是因为你没有意识到自己是一条会游泳的"鱼"，你的目光一直聚焦在那只会爬树的"猴子"上。

打造个人 IP 的核心在于"个人"二字，注意，这里的个人是"我"，而不是别人。你要打破固有的判断框架，不被外界的标准所束缚，将目光聚焦在自己身上，找到自己的天赋。

1. 看见自己的价值

"我没有钱，没有资源。这样没有价值的我，怎么能有向上的人生？"

太多人对价值的定义是片面的。如果你看不到自己的价值，那你可能需要重新认识一下"价值"这个词。

也许你以为有价值是有钱、有资源，是相貌出众、学业优秀、口才好……但人的价值不止于此。

举个例子。

在我曾经就职的一家公司，有一位保洁阿姨，她跟着投资人经历了 4 次创业的波折。在投资人最后一次创业时，她的月薪达到了 4000 元，而当时保洁的平均薪资仅为 1500 ~ 2000 元。

为什么这位阿姨能够拿到同行两倍的薪酬？难道仅仅是她的保洁工作做得无可挑剔？并不是！

在投资人第三次创业失败时，老板面临财务困境，一时间连员工的工资都发不出来，公司员工走得最后只剩下 4 个，其中一个就有她。

她跟投资人说："这些年我跟着您起起伏伏。我从您这里拿了那么多年的工资，晚发一两个月的工资没事的。我相信以您的人品和能力，一定能够东山再起。"

阿姨始终如一的忠诚和信任，为她在投资人心中赢得了很高的评价。

当投资人的事业再次腾飞时，他自然给了她应有的回报。他不仅补发了之前的工资，还将她的月薪提升到 4000 元。到了年底，业务骨干有红包，保洁阿姨也有。

阿姨的高工资并不仅源于她的工作能力，更源于她的忠诚，在投资人遭遇困境时，她选择不离不弃地坚守。这就是阿姨的核心价值。而在"贵人"眼里，这种跟品质有关的价值往往是真正的价值，也是更稀缺的价值。

很多人把人的价值局限在一些表面的、显性的特质上，而忽略了更深层次的、基于人性的品质，如忠诚。忠诚，实际上是一种选择，而不是一种能力。它展现的是一个人的品性和修养。同样地，善良、守信和可靠等，都是你内在的、无法被忽视的价值。

千万别小看自己！

你的价值可能比你想象的要大得多，它可能藏在你的品格里，可能藏在你的态度里，也可能藏在你还没有发现的潜能和特质里。

在一场沙龙活动中，瑶瑶在活动进行到最后的分享环节时，突然提前离开了。我当时还在想，分享环节是沙龙活动中最能够展示自己的舞台，她现在离开等于错过了这次机会。

在沙龙活动即将结束时，我接到了她的电话。原来她提前离开是为了去一会儿大家要去吃饭的餐厅为大家点好菜，而且还贴心地考察了路线，为我们规划好了出行路线和最佳交通方式。

瑶瑶虽然错过了分享环节，但她用行动践行了她的社交理念——利他。

这个很多人容易忽视的品质，就是瑶瑶的价值之一。因此，你要跳出思维误区，去看见自己的价值。

为了帮助你更清晰地找到自己的立足点和价值，我提供以下几个维度供你参考。

第一个维度：你的硬实力。这包括学习能力、管理能力、高效的行动力以及出色的适应力等。试想，当有人提出一个想法或需求时，你能够迅速行动，并给予积极的反馈，这种高效的执行力更容易让你赢得他人的青睐和尊重。在未来的合作中，他人也更有可能优先考虑与你共享资源。

第二个维度：你的软实力。这包括你的性格特质、组织活动的能力以及高情商等。例如，你是内向还是外向，你是否擅长营造和谐、轻松、愉悦的氛围。

第三个维度：你的兴趣爱好。无论是热爱运动、擅长绘画，还是精通插花、茶艺或调香，这些都能展现你的独特魅力和才华。这些爱好不仅能让人们感受到你的情绪价值，还可能成为你结识优秀人士的桥梁，进一步加深他人对你的好感。

你可以从上面几个维度出发，对自己的优势逐一进行评估并打分。每个维度的权重都可以根据你的工作性质或其他现实情况来调整。通过这种方式，你或许能够更准确地找到自己的优势和价值。

2. 放大自己的价值

发现自己的优势和价值后，你可能会陷入新的迷茫：我要以哪一个优势和价值为立足点，来打造个人 IP 呢？

我教给你一个马上就能实践的小妙招——尝试询问身边的 10 个人同一个问题。

"我卖什么东西你一定会买？"

这 10 个人最好是跟你关系不同的人，可以是家人、朋友、同学、合作伙伴，甚至是曾经对你有所保留的人。这样你才能获得多元反馈，更能确保答案的全面性与真实性。

也许他们的回答会统一指向一个点，而那一点就是你打造个人 IP 的立足点。

　　我刚开始做自己的自媒体账号时，原以为大家希望我推荐一些时尚单品或服装。但是，事实是大家更希望看我分享学习、女性成长方面的内容，甚至有人表示愿意为此付费。

　　那一刻，我明白，原来我对自己也有认知盲区。

　　他人的视角则不同，他人的反馈就像一面镜子，让我一下就看清了自己的价值，知道自己要放大哪些价值。

后来，我把这个方法分享给了身边的朋友，希望她们也能迅速找到自己的价值和定位。

　　我的一位工作伙伴实践了上述我分享的小妙招。她向家人、朋友、同事、客户等问出了同样的问题："我现在卖什么你们会买？"

　　大家的回答出奇相似：书、文艺品、文创……

　　她很惊讶，为什么大家的答案如此类似，几乎锁定在了同一个领域。

　　她又追问大家原因，得到的答案又出奇一致：因为你身上带着浓浓的文艺气息和博览群书的特质。

当然，这位工作伙伴的潜力和价值远不止于此。但不可否认的是，如果她以这个特点为核心打造个人 IP，那么她的成功概率无疑会大大增加。在她启程之前，已经有许多人愿意为她的个人 IP 买单了。

法国作家罗曼·罗兰（Romain Rolland）说："每个人都有他的隐藏的精华，和任何别人的精华不同，它使人具有自己的气味。"不要只闻得到别人身上的香味，你也要抬起手腕，闻闻自己身上的香味。

"天生我材必有用"，找到你的立足点，发挥你的价值，你的人生将迎来奇迹。

我的视觉锤是什么

你靠什么让人家一眼就看到你，记住你？

答案是"视觉锤"。

视觉锤是什么意思？视觉锤是品牌营销中的一个概念，意思是通过视觉元素强化品牌信息，提高品牌辨识度和记忆点，比如品牌的名称、标识、口号等都是视觉锤。

打造个人 IP，要的就是这把"锤子"。

举个例子。

我叫"例子姐"，这就是我的一个视觉锤。

这个视觉锤是怎么来的呢？

在准备做自己的短视频 IP 时，我就跟好朋友小麦说得先想个名字。小麦说："你平时不是总喜欢说'举个例子'吗？就叫'例子姐'吧。"

我将信将疑："名字不能起得这么随便吧？"

小麦说："这哪是随便，这就是你的特点和标签，很容易被人记住，你就信我吧。"

于是，"例子姐"就成了我短视频 IP 的第一个视觉锤。只要人家看到这个账号，就能想到我在视频和直播间里讲故事时总喜欢说"举个例子"了。

只要被记住，我就成功了一小步。但只有一个视觉锤还不够，你需要更多的视觉锤来帮助自己呈现辨识度更高、更能被人记住的形象。

举个例子。

我经常跟闺密说，我们要自信，要让别人看到自己的价值，就像孔雀要开屏才能吸引人们的关注一样。

因此，"孔雀"也是我的一个视觉锤。我的桌布、首饰盒、直播间的屏风，上面都有孔雀的图案。大家只要想到孔雀，就会想到开屏；想到开屏，就想到了向上的姿势。

那么，如何打造自己的视觉锤呢？利他！你要从利他的角度思考"如何让别人更快速地辨认出我"。

1. 与人设高度契合，降低对方的猜测成本

你的外在形象一定要紧贴你的人设，让别人能一眼认出你。这种感觉是：当人家看到你时，说的应该是"哇！你是××吗？"而不是"这是谁？"

举个例子。

我开办了"向上研修院"，那么我外在形象上的视觉

锤一定要是积极向上的，要呈现出热情和力量。因此，我在镜头前，或者出席一些活动时，服装颜色的饱和度都非常高，饰品很夸张，头发会卷成大波浪，等等。

这些是我外在形象的视觉锤，也是我们"向上研修院"的视觉锤。

无论是在公众场合，还是在短视频博主遍布的网络中，大家都能通过这些视觉锤很快辨认出我，记住我，记住"向上研修院"。

有人可能说："例子姐，我没有视觉锤，我找不到自己的视觉锤。"

每个人身上都有视觉锤。视觉锤不一定是很大、很难获得的东西，它可以是你的发型、衣服、配饰、喜欢的颜色……

举个例子。

说到肩膀上立着一只鸟的主持人，你会想到谁？

说到留波波头的女主持人，你会想到谁？

说到爱穿皮裤的男歌手，你会想到谁？

这些都是他们的视觉锤，这些东西难获得吗？这样的视觉锤难打造吗？

这样一说，你是不是觉得自己也可以打造自己的视觉锤，让别人一眼就认出你，记住你？

好，现在就去行动吧！

2. 你多做一些，让对方少费一些力气

在别人看得见的地方打造你的视觉锤，在别人看不见的地方增强你的视觉锤。

举个例子。

> 我参加过很多论坛和沙龙，每次都有新朋友主动添加我的联系方式。他们希望认识我，以后有机会与我合作。
>
> 我发现很多人都有一个共同的特点——他们在添加我的联系方式后，会发送一条非常标准的、官方的自我介绍信息："例子姐，你好！我是××，这是我的电话号码，请惠存。"

仅仅一个姓名和一个联系方式，显然不足以让我对这个新朋友有深入的了解。要真正认识一个人，我还需要知道他的工作、兴趣爱好、所在领域等更多信息。但我的大脑有时候也会犯懒，想着"懒得问了，还是去他的'朋友圈'瞅瞅吧"，万一翻到了有意思的内容，或许能增进对对方的了解；要是什么都没有发现，那可能就只剩下"点赞之交"了，当然也可能连"点赞之交"也不会有。

但是，如果碰到非常有特色的打招呼方式，如发一条自我介绍的短视频，那我一定会想点开看看，这种方式就可以加深我对他的印象。如果这条短视频是专门为我而拍的，如开头就是："例子姐你好！我是一个特别渴望向上却不知如何去做的人……"那我可能会立即回复他的消息。

打造视觉锤，不能只在外在形象上努力，你还要多做一些，多动脑和嘴。

举个例子。

"你好，我是例子姐，这是我在网络上的昵称。我专注于职场女性的成长与发展，在网上有一点小名气。我的粉丝群体主要是中年、新中产女性，我目前主要在北京和杭州两地活动。如果您在自媒体领域有任何疑问或困惑，我们可以一起探讨，我很乐意分享我的经验和见解。"

每次参加同行业活动，认识了自己非常想认识的朋友后，我都会发一条信息和他们打招呼。打完招呼后，我还会根据他们的职业和兴趣爱好，挑选我的自媒体中的一些视频内容推送给他们，来表达我的观点。如果对方是跟我一样兼顾家庭和事业的职场女性，我会分享关于中年女性困惑和焦虑的内容；如果对方是企业家或创业者，我会分享关于中年女性成长与突破的内容；对于年轻的职场新人，我会分享关于在职场中保持自我价值和定位的内容。

我的想法是，我多做一点，他们就可以少做一点，多了解我一点。如果他们还想探索更多关于我的"秘密"，那就说明我的人设已经成功吸引他们了，说明我做对了。

我一直相信"利他"的力量。

我认为，只有帮助别人获得他想要的，你才能获得你想要的。多做，做展示，多表达，更能让人记住你。

我确实是这个样子的

相信自己就是这个样子的。你相信了，别人才能信。

举个例子。

"她一定读了很多书，她一定了解这方面的知识，她的文化修养一定很高……"

如果你的人设标签是"爱读书"，那么关注你的粉丝就会这么评价你。但如果有一天，粉丝让你推荐书单，你却一本都推荐不出来；让你分享对阅读的看法，你却说不出来什么……那么因"爱读书"而关注你的粉丝会立刻取消关注。

如果你根本不相信自己就是这个样子的，没有努力去成为这个样子的人，那么，关注你的人怎么会信呢？你的人设又怎么能立住呢？

立人设不是造假，而是给自己立个目标，相信自己确实是这个样子的。

1. 先相信，再看见

人要先产生爱情，才能看到玫瑰。你要先满足自己的期待，相信自己能立什么样的人设，你才有动力、有干劲去行动，去成为你期待的样子。

举个例子。

我对自己的期待是成为一名专注女性向上成长领域的

博主。我想通过我的声音和观点，帮助女性拓宽视野、提升自我认知。我希望闺密们通过在"向上研修院"的学习，能够更加从容地面对生活中的问题，更加智慧地处理人际关系。

我相信自己就是这样一个人。但我不能光相信，什么也不干。那就不是自信，而是自恋。

因此，虽然我每天很忙，但我每天都会抽出时间读书和学习。哪怕只有半小时的空闲时间，我也会用在学习上。我要确保自己能够真正符合自己立的人设，能成为"向上女性"的代表。

在满足自我期待的过程中，我认为有两个原则至关重要。

第一个原则：合理性。你对自己的期待必须建立在合理的基础之上，不能违背市场的规律，要经得起市场的检验。只有符合市场需求和趋势的期待，你的个人 IP 才有可能在激烈的竞争中脱颖而出。比如，我不能教别人去做不道德、不诚信的事情。

第二个原则：可实现性。你的期待应当是一个既具有挑战性又具备可行性的目标。这意味着你不能将目标设定得过于遥远，以免因失去动力而半途而废；同时，你也不能将目标设定得过于轻松，以免缺乏挑战而失去成长的动力。

当然，一个好的个人 IP 一定不是只有自信的"自我满足"，还应该能够满足别人的期待。

了解了别人的期待，你就会看到之前自己没看见的样子。

"在个人 IP 中是不是要呈现这些样子"也是你打造个人 IP 时应该重点关注和考虑的问题。

在此之前，你首先要动动脑。你要想一想，别人对你的期待是对你的关心、欣赏，还是对你的消耗。如果对方的期待消耗了你，那你就不要搭理；如果是善意的，那你就要思考如何回应。

举个例子。

认识我的人对我的印象是——北方姑娘的典型代表，豪爽、仗义。这个印象跟我上学和工作的经历有很大的关系。

我从小到大个头都比较高，上学的时候还经常担任班长，同学们有问题都会找我解决。工作后，公司领导在遇到问题时，也经常问我有没有好的主意。这些经历塑造了一个豪爽、仗义的我。

但其实我的内心藏着一个喜欢看散文、诗歌的文艺青年。我准备拍短视频时，就在想：这件事很难吗？不就是展示真实的自己吗？

我尝试拍了几个短视频，分享我喜欢读的散文、诗歌，还配了很舒缓、优雅的背景音乐。我很喜欢饰品，也会在短视频里分享自己喜欢的耳环、项链和帽子。

但是，我发现没有几个人感兴趣。

这件事情让我知道，打造个人 IP 不是"自我满足"。大家看到我的形象是"北方侠女"，而我自称"文艺青年""生活达人"，人家根本不相信我，也不想看我。

后来，我跳出了'自我满足'的怪圈。

我发现，当我聊创业、女性创业者面临的挑战，或者职场新人如何提升自己的话题时，总能引起很多共鸣和认可。这些话题好象更能触动观众，引发观众的思考。

我想，我应该分享女性向上成长方面的内容，在这个领域深耕。这才是我应该成为的样子。

慢慢地，我的个人 IP 做起来了，我取得了一些小成就。

这个过程让我明白：打造个人 IP，不是"自我满足"。

从我的经验来看，我想告诉你：立人设，打造个人 IP 其实就是在自己的期待与别人的期待中寻找一个平衡点。

最开始，你要满足自己的期待，立自己期待的人设。但是，你并不能确定这个人设立得对不对。这个时候怎么办？你要用别人的期待来帮助自己纠偏。

举个例子。

你想立创业者的人设，别人也觉得你是创业者，希望你可以分享创业心得和体会。那你就立这个人设，满足他们的期待。

反之，如果你想立创业者的人设，但是别人对你的期待是生活达人，那你就要用别人的期待和反馈去调整自己的人设方向。

直到两个期待的方向一致，达到平衡，你的人设就能立住。

2. 优秀是一种习惯

一个能一直立住的人设，会驱动你把优秀当成一种习惯。举个例子。

> 为什么很多人在减肥成功之后能够坚持运动，甚至爱上运动？因为他们在运动的过程中享受到了运动带来的正向反馈，所以愿意坚持运动，让运动成为自己的日常习惯。

人与人之间差距最小的是智商，差距最大的是自律。当你真正自律的时候，就会把优秀刻进骨子里。

越优秀，越成功。当你养成常胜将军的体质后，你的个人IP才能不"塌房"。①

立人设，不只要接近你打造的外在形象，更要努力让这个人设成为真正的你。

> 就像我一直坚持健康饮食计划。刚开始，我不喜欢清淡饮食。但我尝试后，感觉它能够让我的身体更轻盈。慢慢地，我就喜欢上了清淡饮食，并且一直坚持清淡饮食。

> 后来，我相信，有健康的饮食习惯，有良好的精神面貌，就是走在向上之路上。

与其说是立人设，我更想说的是成为人设。你知道自己确实是这个样子的，别人也知道你确实是这个样子的。

---

① 网络流行语，指形象坍塌。

我要配得上更好的自己

作家黄佟佟在其作品《我必亲手重建我的生活》中，深刻描绘了这样一段心路历程。

有 10 年的时间我奔走在批发市场，一千元钱买几袋子衣服，一件也没法穿出街，但我就是改不了……最可怕的是，我不愿买任何一件稍微贵的东西，"不都一样吗""你那么爱牌子货一定是一个虚荣的人"，其实还是舍不得，太贵了，而且我的潜意识是觉得不应该，我怎么能用这么好的东西呢？会丢的，会弄坏的，会闯祸的……

我面对任何东西都有一种惴惴不安、忐忑无比的心情，老觉得这样的东西放在我这种粗人手里是暴殄天物，而且奇怪的是，好东西在我这里的结局通常是坏掉或者不见，后来我的心理医生分析说，因为你的潜意识里就觉得自己配不上好的东西……

这种"配不上好东西"的心态，实际上是一种配得感低下的表现，它像一块绊脚石，阻碍了许多人在打造个人 IP 的道路上前进。这些人总觉得自己无法匹配那个更好的自己。

什么是配得感？在心理学中，配得感的解释是：一个人相信自己应该得到什么的信念，它在方方面面影响着一个人的心理体验和行为方式。只有当你真正相信自己值得拥有美好的事物时，你才会有动力去追求和拥有它们；同样地，只有当你相信自己有能力成为更好的自己时，你才会为实现这个目标不懈努力。

你要相信，你一定配得上那个更好的自己。但是，配得感不是空谈，提升配得感需要你抬抬眼、踮踮脚。

1. 抬抬眼：看到更好的自己是什么样子

你首先要看到那个更出色的自己，然后才能一步一步靠近那个更出色的自己。

举个例子。

刚工作那几年，我偶尔会买一些稍微超出自己经济能力范围的东西，为的是抬抬眼，看到更好的自己是什么样子的，然后去成为那个样子的人。

有一次，我去一个朋友家，被他们家的音箱吸引了，那个音箱精美、便携，关键是音质非常好。

"除了价格贵，其他哪里都好。"这是我对那个音箱的评价。

这个音箱的价格是 5000 元，对刚工作几年的我来说有点贵。意料之外的是，我买了这个音箱。这个音箱放在出租房里，看起来有点格格不入，我的一个朋友看到这个音箱时说："你租房住，还买这么贵的音箱干什么？你买个普通音箱，随便听听得了。"但是，我觉得我配得上这个音箱。这个音箱的音质非常好，带给我的体验感跟一般的音箱完全不一样。虽然我暂时还没有钱住大房子，但是我可以抬抬眼，看一看好东西，感受一下它到底好在哪里。我可以看一看未来那个更好的自己想拥有什么样的生活，然后激励当下的自己。

在打造个人 IP，成为更好的自己的路上，我会鼓励大家学会合理地悦己消费。为的是先看见那个更好的自己。

当然，悦己消费并不意味着无节制地追求昂贵商品，而是在自己的经济能力之内，看到更好的自己。

举个例子。

不必为了省钱而选购那些打折但品质不好的商品，而应当更关注自己的喜好和满足感。

在出门前，不妨多花些时间精心打扮自己，不为取悦别人，只为自己开心。

当心中有了向往的目的地，不妨在空闲时即刻出发。

偶尔可以给自己买些小礼物，无论是心仪已久的书籍还是饰品，它们都能给你带来小小的幸福感。

取悦自己就是在给自己加冕。我越爱自己，就越看得见最好的自己，越觉得配得上更好的自己，就越有力量去成为更好的自己。

2. 踮踮脚：无限接近，直到成为那个更好的自己

人生没有捷径，所有东西都是付出努力得来的。在看见更好的自己后，你要立即思考："为了成为更好的自己，我要拿出怎样的拼劲？"

举个例子。

为了成为更优秀的自己，我选择了持续学习以不断提

升专业能力。然后，我根据这个目标，拆解了自己需要采取的学习步骤。

首先，制订学习计划并坚持执行是关键。我是一个持续追求知识进步的"探索者"，我希望不断学习，不断拓宽自己的知识面。为此，我设定了明确的学习目标，并制订了详细的学习计划，确保每一天都有所收获。我坚持每天阅读、思考和实践，让学习成为一种习惯，一种生活方式。

其次，寻求专业指导。随着学习的深入，我意识到仅仅获取碎片化的知识并不是我真正追求的，我更希望构建系统的知识体系和提升专业技能。因此，我报名参加了一些专业课程，每周两次的学习让我在拓宽知识面的同时，深化了对核心概念的理解和应用。在课程中，我遇到了许多志同道合的同学和经验丰富的老师，他们的指导和建议让我受益匪浅。

最后，找对学习方法。在知识吸收方面，我采用了"多元学习法"——从不同渠道和媒介获取多样化的学习资源，以确保知识的全面性和深度。这些渠道包括经典的纸质书、前沿的在线课程、专业的学术期刊以及生动的实践项目。我通过阅读书籍来掌握基础知识，通过在线课程来拓宽视野和深化理解，通过学术期刊来关注行业动态和前沿研究，通过实践项目来锻炼应用能力和创新思维。通过这样的学习方式，我能够确保自己的知识体系既广泛又深入，涵盖不同的知识领域和层面。

实际上，学习这件事反映了一个人对自己生活的掌控力。我对自己的人生充满了信心，只要下定决心去学习，我就有勇气去挑战一切，无论前方有多少困难等着我。这源于我内心深处的配得感，我坚信我值得拥有更好的自己。

提升"配得感"可以从很多小事情做起。在自己取得一些小成就时，夸一夸自己"真棒""很厉害"；在别人夸自己时，大方接受，而不是过分谦虚或拒绝。日积月累，你会对自己越来越自信。慢慢地，就会从自己配得上一个小夸奖开始，逐渐相信自己配得上一个好项目，配得上跟厉害的客户谈合作……配得上最好的自己。

世间的万事万物都是相互吸引的。你相信自己配得上，你才配得上，你才能成为更好的自己，才能真正拥有更理想的生活。

我把自己当公司来经营

你的个人 IP、人设就是你的产品，你要把自己当成公司来经营，敢于投资，敢于要结果，敢于追求盈利。

如何把自己当公司经营？要有公司思维，而不是员工思维。

员工思维和公司思维的区别是什么？

员工思维是，我有某个技能，你给我发工资，我给你干这个活。工资是既定的，或者说是有天花板的。而公司思维是，要投资自己、维护客户，关注长远利益。虽然不见得所有客户都能和你达成合作，但可以肯定的是，未来你们一定有合作的机会。只要有机会合作，就有撬动大赢的可能，从中获得的利益比个人的工资可观得多。

我做很多事情都会用公司思维来思考。

举个例子。

当短视频兴起，成为新时代的风口时，我捕捉到了这个趋势，并迅速调整了自己的发展策略。我没有仅仅满足于自己已有的技能和知识，而是决定投资自己，培养自己在短视频创作和运营方面的能力。

我开始深入研究短视频平台的规则和算法，学习如何制作吸引人眼球的内容，如何进行有效的推广和互动。我投入了大量的时间和精力，甚至不惜牺牲一些短期的收益，我知道这是在为自己的未来投资。

随着时间的推移，我的短视频账号逐渐积累了大量的粉丝和关注度，我也因此获得了更多的合作机会和商业价值。我并没有止步于此，而是继续关注时代的发展趋势，不断优化自己的内容和发展策略，以保持竞争力和吸引力。

在个人成长和发展的过程中，我始终把自己当成一家公司在经营，注重长远利益，敢于投资，敢于要结果。我深知，只有不断投资自己，才能不断提升自己的价值，才能在激烈的竞争中脱颖而出。

在打造个人 IP 时，千万不要把自己当成一个员工。你要把自己当成一家公司，要懂得投资。你要投资你的人际关系，投资你的外在形象，投资你的方方面面，要想方设法去"盈利"。

1. 人设就是把自己当公司经营

一旦你把自己当成公司经营，你就有很大可能会成功。即使遭遇风浪，你也能迅速找到方向，重新起航。你知道，你有能力、有信心再次站稳脚跟，再成事。

举个例子。

脸书①的创始人马克·扎克伯格（Mark Zuckerberg），对脸书的成功经营在很大程度上基于扎克伯格一直把自己当成一家公司经营这一点。

在哈佛大学求学期间，扎克伯格就展现出了对技术的兴趣和才能。他通过夜以继日地编程学习和实践，不断提升自己的技术能力。同时，他意识到了团队合作的重要性，便与几位志同道合的同学共同创办了脸书，并将其打造成为全球最受欢迎的社交平台之一。

夯实地基之后，他预测科技发展的趋势，不断调整公司的战略方向。例如，在移动互联网兴起的早期，扎克伯格就果断地将脸书的重心转移到移动端，这个决策不仅让脸书抢占了市场先机，也为其后续的发展奠定了坚实的基

---

① 已改名"元"（Meta）。

础。同时，他非常注重个人品牌和形象的塑造，成为脸书最重要的代言人。他通过公开演讲、接受采访等方式，向公众展示了自己的思想、理念和价值观。

扎克伯格的目标远不止于创建脸书并使其成功运行，他围绕这个目标，把自己打造成了一家公司。即便脸书遭遇风雨，他也能凭借自己的力量灵活应对，寻找新的机遇，再次获得成功。

运营人设其实就像运营一家企业、一个品牌，需要构建一个完善且稳固的系统。通俗地说，你要调动一切资源为自己的个人 IP 所用，运营个人 IP，推动个人 IP 发展。

2. 找到自己的商业模式

一个 IP 是不是成功的 IP，最直接的验证方式就是看这个 IP 的变现能力如何。而变现能力强的 IP，都离不开好的商业模式。

每一家公司都有自己的商业模式，商业模式是指企业以什么样的方式，提供什么样的产品和服务，来满足什么样的目标客户的需求，企业如何实现盈利。直白地说，商业模式就是赚钱方式。

好的商业模式对企业来说至关重要。如果商业模式不健全或不可行，可能导致企业入不敷出，甚至最终消失。

举个例子。

很多年前的影片租赁公司，是通过出租碟片获得收益的，但是现在这种模式还行得通吗？显然不行了。现在有

视频平台，它是通过会员费和广告费来获取收益的。这对
用户来说更便捷，更能满足他们的需求。

同理，你完全可以把自己视作一家公司，只不过这家公司
只有你一个人参与经营。这样，就有了个人商业模式的概念，
它是指你应当通过哪种方式来调动自己的全部才智、天赋、技
能、资源等，来实现你的个人发展，铸就你的个人 IP，从而
获得财富。

探索个人商业模式不是一件轻而易举的事情，需要你花费
时间和精力去摸索和实践。但是，我可以从个人经历和经验，
分享个人商业模式包含的主要内容：客户群体、价值服务、渠
道通路、客户关系、收入来源、核心资源、关键业务、重要合
作、成本结构。这些内容需要你找一些专业书籍或资料深入
学习。

找到自己的个人商业模式后，你要去寻找你的潜在客户，
和他们交谈。你要知道你提供的产品和服务是不是他们需要
的。通过这样的方式，你可以判断你的个人商业模式还有哪些
地方需要调整和优化。同时，你也可以在这个过程中寻找到理
想的客户，成功合作，获得双赢。

第 3 章

攒人缘：

投资『人际账户』的5个技巧

人缘不是天生的，
而是用心经营的结果。

好的人际关系，
是人生向上的加速器。

挖掘可投资的"隐形人际"，
是拓宽人脉的重要途径。

好的人际关系需要"长跑"，
不是一蹴而就的。

每一次的付出，
都是为未来的
人际网络埋下一颗种子。

聪明的人都有自己的"人际账户"

聪明的人通常拥有两个账户。一个是"财务账户",他们通过自己的努力和打拼,在专业领域不断深耕,财富积累得越来越多,最后实现财务自由;另一个是"人际账户"。什么是"人际账户"呢?我经常跟闺密们讲"孟母三迁"的故事。孟母非常聪明,她通过"三迁"不仅是为孩子选择良好的学习环境,更是为孩子开设"人际账户"。当孩子能够接触到更多优秀的人和资源,并且自身也付出不懈的努力时,孩子的人生就能不断向上。孟子没有辜负母亲的期望,最终成为著名的思想家和哲学家。

其实,每个人在降临这个世界时就已经开设了"人际账户",最初账户上可能只有爸爸、妈妈、兄弟姐妹等亲人;当他慢慢长大，第一次向另一个同龄人伸出手、露出微笑时，虽然没有言语却已经激活"人际账户"中朋友一栏的人际财富了；当他走进校园，第一次问候"老师好""同学好"时，他的"人际账户"再一次激活了师友一栏；当他走入职场，第一次和公司领导、同事、客户握手时，他的"人际账户"又一次被激活……

"人际账户"是驱动个人成长的强大引擎。正是一次又一次地被激活，"人际账户"才能变得越来越富有，人际财富才能越攒越多。

我经常说，普通人做事，而智者既做事，也做人。

举个例子。

L跟她的丈夫共同经营一家创业公司。她的丈夫属于技术人才，话少，专注于工作，很少参与社交活动。相比之下，L的性格截然不同，她活泼开朗，喜欢交流，热衷于参加各类社交活动，例如聚会、户外活动等。

尽管她身边的很多人，经常开玩笑说她"不务正业"，但是她并不在乎别人怎么评价自己，她知道自己做的是"正业"。

在一次车友会活动中，L结识了李姐，两个人很投缘，相谈甚欢。更巧的是，她们的孩子在同一所学校上学。

活动结束后，二人私下也一直保持联系，时常见面聊天，共同话题越来越多。

在某次闲聊时，李姐无意间提及自己丈夫所在的公司有一个优质项目在招募供应商。L听到李姐这么说，立刻抓住机会询问："我丈夫的公司正好有相关业务，不知道能否有机会参与呢？"

李姐惊讶于这份巧合，欣然答应："既然如此，我可以帮你牵线搭桥。"

得益于李姐的引荐，L 的丈夫得以参与项目招募，并且凭借其公司的出色实力，成功赢得了这个项目，成了那家公司的合作伙伴。

在公司发展的过程中，L 扮演着为公司激活"人际账户"的角色，负责扩展人脉、开辟业务；而 L 的丈夫则专注于技术层面，负责开发产品和服务。二人各司其职，共同为公司的"财务账户"增添收益，推动公司稳健发展。

我们应当认识到，尽管许多公司拥有强大的技术和专业实力，但如果缺乏资源，无法把握机遇，其优势也难以彰显。对创业公司来说，"人际账户"的价值尤为重要。这正是众多大企业和杰出人物高度重视建立和维护"人际账户"的原因所在。

举个例子。

扎克伯格创办脸书的底气源自他自己的创意和技术，同时也离不开他为自己开设的"人际账户"。

扎克伯格在哈佛大学上学时，就跟身边的同学关系非常好。这些人有的擅长编程，有的擅长市场营销，有的擅长资本运作……正是有了这些人际关系，有了这些不同领域顶尖人才的支持，扎克伯格才能成功创办脸书，并将脸

书从一个简单的校园社交工具发展为全球最受欢迎的社交
媒体之一。

在扎克伯格的"人际账户"中，他和哈佛大学的伙伴们互
为对方的"珍宝"，共同分享资源，实现真正的资源共融、价
值共创。这就是"人际账户"所蕴含的强大力量。

我经常跟闺密们强调，一定要开设自己的"人际账户"，
往账户里攒人缘，我建议从以下 3 个维度攒人缘。

第一个维度：跨行业交往

什么是跨行业交往？就是你要多结交自己所在行业之外的
朋友。

举个例子。

我以前从事影视行业的工作，我意识到仅在这个领域
交朋友会限制我的视野。因此，我积极参与各类跨行业的
沙龙、活动，例如车友会、茶艺展、文化讲座以及品牌品
鉴会等，以此结识来自不同领域的朋友。

我喜欢结交各行各业的精英，但这并非出于功利之心，
期待他们未来能为我所用。我纯粹是欣赏他们的优秀，渴望
与他们相识。通过与这些杰出人士的交往，聆听他们的见
解，观察他们的行为，我的视野得以拓宽。视野的拓宽让我
能够发现更多的机遇，并有能力抓住这些机遇，从而不断实
现自我提升。

第二个维度：跨区域交往

跨区域交往意味着我们要跨出自己的"一亩三分田"，积极与来自不同城市、不同居住区域的人建立友谊。

举个例子。

我的一位朋友 A，家住在呼和浩特，我的另一位朋友 B，家住在南昌。A 与 B 的相识，源于一次偶然的机会——在一次线下社交活动中，两人因为共同的兴趣爱好和对生活的热爱而结缘。尽管她们生活在完全不同的地域，但这份跨越地域的友谊却很真挚。

A 与 B 的交往充满了温馨与默契。她们经常通过视频通话分享各自的生活点滴，讨论彼此的兴趣爱好，甚至一起规划旅行。尽管相隔千里，但她们的心却紧紧相连，仿佛就生活在彼此身边。

当 A 刚工作不久的儿子被调至离家很远的南昌工作时，作为母亲，她自然对孩子能否适应新环境而感到担忧。于是，A 想起了远在南昌的好友 B，并向 B 寻求帮助，希望 B 能在日常生活中多关照一下自己的儿子。B 得知这个情况后，毫不犹豫地答应了 A 的请求。她不仅在日常生活中给予了 A 的儿子无微不至的关怀与帮助，还时常带他品尝当地的美食，感受南昌的风土人情。在 B 的陪伴下，A 的儿子逐渐适应了新的工作环境和生活节奏，也结交了许多新朋友。

这恰恰验证了"多个朋友多条路"的道理。世界广阔无垠，我们应勇于探索，为自己的人生铺设更多可能的道路。

第三个维度：跨年龄交往

跨年龄交往，强调的是我们不应局限于与同龄人的交往，而应积极地与不同年龄阶段的朋友交往。

举个例子。

20多岁时，我喜欢与四五十岁的人交朋友，他们丰富的人生经验对我来说是无价之宝。而当我步入40岁之后，我开始更多地结交20多岁的朋友，他们是未来的主力军，通过他们，我能洞察到未来的发展趋势和潜在机遇。

除了要从上述3个维度在自己的"人际账户"中储蓄，我还希望你们能对"人际账户"这个概念进行更深入的探索与思考。

下面，我将分享自己对"人际账户"的两个核心思考。

第一个思考：社交要向上，但不要有功利目的。

"我需要用什么样的人，就去交什么样的朋友。"

"朋友必须能给我带来帮助。"

"我要托谁办事的时候，再去跟谁交朋友。"

......

有些人带着极强的功利心态去社交。我并不认同这种做法，也不建议你们效仿。我们追求的向上社交和高质量社交，应该是削弱了功利心态的社交。

我经常举办沙龙活动，有人认为"我又不是商人，无须与那些精英人士打交道"。但我始终认为，与这些优秀人士的会面与交流是一种享受，他们是这个丰富多彩的世界的一部分。

朋友并不是用来"利用"的。他们中的一些人在某个领域特别优秀，是我们的榜样；一些人如同温暖的小夜灯，治愈着我们；一些人是我们身边的"毒舌"好友，在关键时刻"叫醒"我们；还有一些人则如同我们的镜子，反射出我们的不足……

如果你有这样的朋友，请一定要珍惜，并尽情享受他们带来的美好。在享受的同时，你其实也在为自己的"人际账户"充值。当你真正遇到困难时，这些人往往会在你开口之前就洞察你的需求，并主动伸出援手。

这才是真正的社交。

第二个思考：社交不见得要花钱，但一定要利他。

"例子姐，今晚有个活动，我特别想认识××，你能告诉我怎样才能获得对方的联系方式吗？"

……

我常常收到诸如此类的私信。从这些私信中，我察觉到，许多人认为，想要达成目的，社交必然涉及金钱的支出，并且社交的目的在于索取。然而，事实并非如此。社交并不一定要花费金钱，其目的也不是索取。

一个真正具备社交能力的人，在初识新朋友时，总会先付出，先考虑如何利他。

秉持这种利他心态，我在交友过程中为自己设立了一个小原则：当我与陌生朋友第一次见面吃饭时，我通常会主动买单。在与陌生人交往的初期，总有人需要扮演破冰者的角色，也总有人需要率先展现出诚意，而我愿意成为那个人。

需要强调的是，利他并不意味着卑微，而是真诚交友的表现。你只管去付出，去展现你的诚意，美好的事情自然会随之而来。

很多人不敢轻易付出，生怕自己成为那个吃亏的"傻瓜"。但请千万不要陷入这样的思维误区，不要成为一个只关注自我利益的精致利己主义者。

中国有句古训叫"吃亏是福"。我并非鼓励大家一味地吃亏，而是希望大家能够勇于付出，为彼此之间的社交关系留有一定的弹性空间。你的付出，对于双方而言，都是一种推动力，能够促使关系更进一步。

从现在开始，请你秉持利他的心态，去开启新的友谊之门吧，去投资我们的"人际账户"，并将每一个走进我们生命的人，都视为账户中宝贵的财富。

夯实现有的关键人际关系

我想问大家一个问题：在公司里，你是与公司领导的关系更融洽，还是与同事的关系更亲近？

许多人的回答是：当然是与同事的关系更好，与同事相处时可以更自由地表达，氛围相对轻松。

在与公司领导相处时，不少人或是心生畏惧，不敢与公司领导交流；或是心生反感，见到公司领导便敬而远之。如果你也是这样的心态，那么你可能已经错过构建自己关键人际关系的良机了。

何为关键人际关系呢？学校的老师、公司的领导、家中的伴侣，这些都属于你的关键人际关系。

举个日常的例子。

如果你跟伴侣的关系比较稳固，那么大家庭的关系往往也能保持和谐。

但遗憾的是，许多人在努力的方向上出现了偏差。有人曾向我抱怨："我与婆婆的关系非常融洽，但与丈夫的关系不太好。""我与小姑子的关系亲密无间，但与丈夫的关系只是一般。"

试想，没有丈夫，又哪来的婆婆与小姑子呢？如果与丈夫的关系不好，那么与婆婆和小姑子的相处也可能充满矛盾和摩擦，家庭氛围难以和谐，个人的幸福感和归属感也会大打折扣。

因此，你必须明确，伴侣才是你家庭中的关键人际关系。

俗话说得好，"擒贼先擒王"。在人际关系的处理中，关键人际关系便是那个你需要重点攻克的"王"。我们无法与所有人都建立深厚的关系，但只要能处理好关键人际关系，身边的其他关系便能随之理顺，一切事务也将会运行顺畅。

在工作中，你与上级、合伙人、客户等身边人的关系都是你的关键人际关系。稳固这些关系，你便能在职场上过得游刃有余。

如果你还有困惑，那我再说得直白一些：谁跟你的目标一致，谁就与你有关键人际关系。老师和你一样，都希望你考上好大学；伴侣和你一样，都希望家庭幸福；公司领导和你一样，都希望公司发展得更好，有更多的收益。

1. 你的老板

当下年轻人流行一个说法叫"00后整顿职场""00后整顿公司领导"。但我想告诉你的是，你最大的"贵人"或许就潜伏在你的身边，例如你的公司领导。

不要再把公司领导当作"天敌"了。尝试转换思维，去发现他们身上的优点和魅力，从他们身上学习那些好的品质和专业的技能，并积极建立和维护与他们的良好关系。

与公司领导建立良好关系的关键不在于阿谀奉承，而在于提升你的工作能力，这种能力具体体现在以下几个方面。

第一，主动沟通，积极反馈。

你需要定期与公司领导进行一对一的交流，向他汇报工作的进展，同时提出自己遇到的问题以及解决方案。你也要认真倾听他的意见和建议，以促进双方的有效沟通。

在汇报工作时，掌握一定的技巧很重要。以下是我分享的两种汇报工作的方法。

方法一：采用"已完成进度＋未完成部分＋分情况时间点"的结构进行汇报。

例如，当他询问你方案进度时，你可以这样回复："这个方案我已完成了 80%，目前还剩××部分未完成。如果您急需，我可以在今天下班前提交一个初步版本供您参考，您可根据需要提出调整意见。如果时间充裕，我会按原计划，在明天提交一个更完善的方案。"

这样的回答能让他明确知道你的工作进度，并在紧急情况下提供备选方案，赋予老板选择权。

方法二：采用"复盘＋解决方案＋后续反思"的结构进行汇报。

假如你的某项工作完成得不够理想，可以这样回答："我在这项工作上确实有所疏忽，特别是在××、××、××几个方面需要改进。我会立即进行调整，并在今天下班前提交新的方案。这次犯错给了我深刻的教训，未来遇到类似情况，我一定会避免重蹈覆辙。"

这样的态度不仅展现了你对问题的诚恳认识，还体现了你积极思考和解决问题的能力。

第二，展现价值，主动承担责任。

在工作中，只有展现出自己的能力和价值，同时主动承担一些有挑战性的任务，才能证明自己的实力和潜力。

举个例子。

我的朋友所在的公司正在筹备一项名为"智能健康手环"的新产品开发项目。面对激烈的市场竞争和消费者日益提升的产品需求，以及紧迫的项目时间和高难度的技术要求，整个团队都感受到了前所未有的压力。在关键时刻，M决定站出来主动承担这项重任。M郑重地向公司领导表达了自己的意愿："我对智能健康手环项目非常感兴趣，也非常看好它的市场前景。我申请负责推进这个项目。"

接着，M详细阐述了自己对项目的理解和规划："我计划先组织团队进行深入的市场调研，通过问卷调查、访谈等方式，全面了解消费者的需求和痛点。我会与技术团队紧密合作，针对市场调研结果，共同攻克技术难关，确保产品的性能和品质达到市场领先水平。此外，我还将制定一套有效的营销策略，通过线上线下结合的方式，提升产品的知名度和竞争力，让智能健康手环成为市场上的热门产品。"

经过团队领导各方面的考核和评估，M终于成为"智能健康手环"项目的负责人。在接手项目后，M为自己设定了严格的标准，不仅确保所有工作都符合基本要求，更力求超越预期，让最终成果远远超出团队乃至公司的期待。M也因此实现了职业生涯的一次跃迁。

第三，建立信仁，保持诚实。

诚实和透明是建立信任关系的基础。只有当你保持诚实，不隐瞒或歪曲事实时，上级才会更愿意与你分享信息和资源。

这种诚实主要表现在这样几个方面：当你在工作中遇到问题时，要及时向上级汇报，不要隐瞒或拖延；当你向上级提供工作成果或数据时，要确保其准确性和真实性，避免夸大或缩小事实；当工作出现失误或问题时，你要勇于承担责任，不要推卸责任或找借口。

第四，积极学习，不断提升自己。

利用与上级相处的机会，向其请教专业知识和管理经验，不断提升自己的能力和素质。

举个例子。

"老将上马，一个顶俩！"L 由衷地向他的上级竖起了大拇指。他的上级还用手虚点了点他，说："好好干！遇到困难还可以来找我。"

几天前，公司接到了一项重要任务——为一家国际品牌策划一场大型的新品发布会。L 作为项目小组的成员之一，负责活动创意与流程的设计。然而，在策划初期，他遇到了一个棘手的问题：如何在保证活动新颖性的同时，精准地传达品牌理念与新品特色？

这个问题困扰了 L 好几天。他查阅了大量资料，也尝试了几种不同的创意方向，但总觉得不够完美。这时，他想到了他的上级——W，他是业内知名的品牌策划，曾多次成功策划类似的大型活动，经验极为丰富。

于是，L 鼓起勇气，带着自己的初步策划案和遇到的问题寻求 W 的帮助。他诚恳地说："我在策划这次新品发布会时遇到了一些难题，特别是如何在创意与品牌理念之间找到最佳平衡点，我尝试了几个方向，但都不太满意。我知道您在活动策划方面有着深厚的功底和独到的见解，想请您帮我把把关，看看我的思路有哪些可以改进的地方。"

W 听后，仔细审阅了 L 的策划案，并耐心地询问了他的想法和遇到的困难。随后，W 结合自己的经验，从品牌定位、目标受众分析、创意构思等多个角度，给出了详细的指导和建议。他强调，活动策划不仅要追求新颖独特，更要深入挖掘品牌内涵，确保每一个细节都能与品牌理念相呼应。

在 W 的指导下，L 重新梳理了策划思路，对活动流程进行了大幅调整，并加入了一些富有创意和品牌特色的元素。最终，这场新品发布会取得了巨大成功。

总之，与上级相处需要耐心、智慧和诚意。只有当你真正理解了双方的立场和需求，并愿意为之付出努力时，才能在职场中取得更大的成功。

2. 你的合伙人

想一想，如果你是公司投资人，你每天跟谁待在一起的时间最长？一定是你的合伙人。

当下是分工细致的时代，仅凭个人的力量要成就一番大事业，本来就很困难，更不用说创立一家公司了。因此，你需要与合伙人建立起不可或缺的关键人际关系。

举个例子。

> 在直播领域，有一对带货能力出众的夫妇，我们常看到的是镜头前的他们，或是他们团队里的几个人。但实际上，他们背后有一个由 300 多人组成的庞大团队。仅仅是选品这个环节，就需要众多人员的配合：零食类选品需要 10 人，服饰类选品又需要另外 10 人……

这种高度精细化的工作，单凭一两个人是无法完成的。因此，大家千万不要盲目自信于个人的力量，否则容易产生巨大的误区。

或许有人会说："我就靠自己，我拥有一技之长，我有真才实学。" 即便你确实才华横溢，拥有真本事，但现实是，你很难仅凭一己之力去与一个团队或一个公司抗衡。如果你想在职业生涯中更上一层楼，就需要有合伙人，需要有团队的支持。与这些人的关系正是你需要着力培养和维护的关键人际关系。

举个例子。

> 苹果公司的成功离不开它的创始人史蒂夫·乔布斯（Steve Jobs）、史蒂夫·沃兹尼亚克（Stephen Wozniak）和罗恩·韦恩（Ron Wayne）的紧密合作。
>
> 乔布斯以卓越的商业眼光和领导力，为苹果公司指明了方向，引领公司不断向前发展。沃兹尼亚克作为技术天

才，为苹果公司提供了源源不断的创新动力，使苹果公司的产品始终走在行业前列。而韦恩则以其优秀的财务管理能力，为公司的稳健发展提供了坚实的保障。

他们之间的合作不只是简单的分工协作，更是相互信任、相互支持精神的体现。在面对市场、技术、资金等多重挑战时，他们能够团结一致，共同面对困难，共同分享成功与利益。

好伙计、烂买卖，这事也能成。

烂伙计、好买卖，这事成不了。

3. 你的客户

客户，简而言之，就是那些为你提供资金与机遇的人。

我想起来一个经典的故事。

在第二次世界大战期间，一对兄弟在敌人的逼迫下，不得不开始逃难。在逃难的过程中他们想寻求朋友的帮助。在众多朋友中，他们选出了最可能帮助他们的两个人：一个是他们帮助过的银行家；另一个是帮助过他们家的木材商。

老大选择去找银行家帮忙。老大认为，因为他们家帮助银行家发了财，所以这次他们需要帮忙，银行家一定会帮自己一把。

但老二认为，木材商更有可能帮助他们。因为木材商很善良，帮助过他们一次，所以很可能再帮助他们一次。

二人意见不同，只好分头行动。

最终，只有老二获得了帮助，安然无恙地回到了家乡。

为什么会这样呢？

你帮助过的人，不一定会回报你；但帮助过你的人，很可能再次伸出援手，甚至持续相助。那些帮助过你的人，本身就是很好的人，而且你们已经有了交情，建立了关系，他们会更愿意帮助你。

客户就是这样的群体。只要你不辜负他们的信任，他们就会信任你一次，再信任你第二次、第三次……接下来，你需要判断你们的价值观是否一致。如果价值观一致，那他就真的有可能成为你“人际账户”里的关键人际关系。

举个例子。

我有一个客户，现在成了我的好朋友。在我的公司发展非常困难时，她给我提供了几个项目的合作机会，帮助我渡过了难关。后来，我在创立“向上研修院”时，她又成为我的合伙人。她信任我，因此无论我做什么，她都愿意支持我、帮助我。

你要珍惜那些愿意为你投资、与你合作的客户。他们用实际行动表达了对你的信任，你也应以实际行动和真心来回馈他们。但需要注意，并不是所有客户都能与你建立关键人际关系。面对以下 3 类客户时，务必谨慎。

第一类客户：要求先出方案。他们会说项目暂时没有预算，让你先出创意或方案，甚至希望你能提供基础版、高级版和顶级版供他们选择，再根据方案质量来决定投入的资金。最后还会强调他们资金充裕，让你别担心钱的问题。

第二类客户：让你少挣点。他们会说："这次你少挣点或别挣钱了，表示一下诚意。如果做得好，全年的项目都归你。"

第三类客户：让你先干着。他们会说合同和付款要走流程，让你先启动项目。还会强调他们是大公司，不会拖欠款项。

我对与这3类客户的接触深有感触，他们都不愿直接谈钱。第一类客户可能还没决定是否要做，第二类客户可能实则资金不足，第三类客户可能从一开始就有赖账的打算。

在商业交往中，谈钱并不伤感情，如果客户一开始都不敢直面金钱问题，那就不要期望他们未来会成为你的关键人际关系。

4. 身边的人才

"假如有一天我能创立自己的公司，并能够邀请那些我遇见过的优秀人才加入我的团队，那就太棒了。"过去，每当我遇到杰出的人才时，心中都会涌起这样的念头。后来，当我真正拥有了自己的团队时，我也确实这样做了。

举个例子。

我的工作伙伴小P，非常有才华。无论是课程内容策划还是图书出版，她都能轻松驾驭，游刃有余。

我非常珍惜这位优秀的小伙伴。即便有一天，小P找到了更好的发展方向，或是我离开了现在的平台，我也不会跟她断掉联系。我知道，我还会写书、出书，每一步都需要小 P 的建议和帮助。同样地，如果小 P 想涉足自媒体领域，我也定会全力以赴，为她提供力所能及的支持。

我非常喜欢这样的关系，我们彼此建立了关键人际关系，能够相互扶持，共同向上发展。

《荀子》中讲："与凤凰同飞，必是俊鸟；与虎狼同行，必是猛兽。"在人生的旅途中，选择与何人同行，与谁深交，是一件很重要的事情，它将在很大程度上塑造你的人生风貌与生命轨迹。

当然，并不是一定要有非常出色的才华才能被定义为"人才"。如果你身边有人具备以下两种特质，那么他同样是难得的人才。

第一种特质：积极向上。

与积极向上的人并肩，能够滋养你的气质，加速你的成长。这种积极向上在不同的人身上会有不同的表现，可能是勤奋、自律、乐观，也可能是正直的品行、善良的人格，还有可能是热爱生活，能够把平凡普通的日子过得津津有味。与他们同行，你也能够获得不断向上、向好的力量。

第二种特质：可靠。

与可靠的人同行，能够修炼你的性情，使你变得更加沉稳与坚韧。

可靠，表面上似乎是一种技能，但在更深层次上，它是一种生活态度。在处理事务时，可靠的人总能多思考一层，多行动一步，这既体现了对他人的尊重，也彰显了对自我的严格要求。他们从不以敷衍了事的态度应对工作，更不会心怀懈怠或马虎行事。他们行事稳健，有头有尾，面对挑战勇往直前，遇到难题则积极寻求解决方案。

随着岁月的积淀和经验的累积，你会愈发深刻地意识到，很多时候，真正的挑战并不在于任务本身的难易程度，而在于与你并肩作战的伙伴是否同样可靠。只有与那些可靠的伙伴同行，才能确保事情向着更加稳妥的方向发展。

每个人所处的环境各不相同，经历也各有千秋，因此身边与我们有关键人际关系的人也各具特色。但无论他们来自哪里，他们都有以下几个共同特点。

他们总能在关键时刻伸出援手，给你坚定的力量。

他们愿意与你并肩前行，共同面对生活中的风风雨雨。

你们之间能够相互激发潜能，共同成长与成功。

关键人际关系，是人生向上路上的关键动力。你会发现，那些厉害的人，身边往往围绕着许多的关键人际关系。这不仅因为他们本身就非常优秀，还因为他们擅长与优秀的人才建立关键人际关系，并善于利用这些关键人际关系来推动自己的人生不断向上。

挖掘可投资的"隐形人际"

在形象大师的眼中，世上并没有丑人，他们认为每一个人都拥有独特的美丽。同样地，我认为在每个人的生活中，都潜藏着"贵人"，只不过常常被我们忽略。

举个例子。

在大医院挂号看病，常常是一件令人头疼的事情。有一次，我试图挂某家大医院某位医生的号，自己努力了 3 个月都没有挂上。最终，经过一番波折才成功挂上号。

那天看完病后，医生为我开了药。在取药时，一位义工注意到我手上的药较多，不方便携带，便主动上前帮我打包。那一刻，我非常感动，觉得这位义工真是心地善良。

当我准备离开时，心中涌起一股感激之情，觉得不能就这样默默离开，应该向这位义工道个别。于是，我在一楼大厅等了片刻，但并没有看到她的身影。于是，我将东西暂时放在一楼，迅速跑到二楼去寻找她。刚好，在我上楼时，她正走下来。

她好奇地问我："你要去哪里呢？"

我回答说："我在找你呢，准备走了，想跟你道个别。"

她听后既惊讶又感动，觉得我太过客气了。

我告诉她，因为她刚才帮助了我，所以我应该向她表示感谢。接着，我询问她是否方便添加联系方式。

她显得有些意外，在医院里，大家通常只会关注医生和护士，很少有人注意到义工。

我们互加了联系方式后，一直保持着联系，每逢节日都会相互祝福和问候。后来，当我需要再次挂号时，就会向她咨询那位医生的号是否好挂。她会告诉我医生是否外出学习、何时回来等信息，她告诉我这些信息对我来说已经是莫大的帮助了。

你看，这些人难道你们就遇不到吗？难道你们不知道如何与他们相处、建立联系吗？

其实，你们都能遇到他们，也都知道他们的存在，只是常常忽视了而已。例如，公司门口的保安、你上司的司机、保洁阿姨……这些容易被忽略的人，都可能成为你的"隐形人际"。

再举个例子。

我曾帮助一位保洁阿姨保住了她的工作。

当我曾经就职的一家公司处于高速发展阶段时，由于急需高级管理人才，投资人将他在大公司担任首席财务官（CFO）的弟弟引入了公司，并让他担任副总一职。

新官上任三把火，副总决心大展拳脚。他特别关注公司的成本控制，尤其是基层员工的薪酬。在审查过程中，他发现保洁阿姨的月薪高达6000元，而当时公司员工的平均月薪也仅有6000元。

副总认为，通过裁减一个保洁岗位，可以为公司新增一个技术岗位，从而创造更多的价值。在他做出这个决定时，投资人恰好出差在外。公司内部对此议论纷纷，而副总则坚称："我解雇一个保洁阿姨难道还不行吗？"

当我看到这份裁员名单时，我决定立即给老板打电话。我告诉他："在您出差期间，副总正在优化公司的财务支出，保洁阿姨的名字出现在了裁员名单上。从公司发展的角度来看，我认同副总的做法，这也是他的职权所在，我本不应该干涉。但是这位保洁阿姨跟随公司多年，经历了公司的风风雨雨，几乎成了公司文化的一部分。如果她被裁掉，可能会让许多老员工感到心寒。当然，如果这是公司必须做出的决定，大家也能理解，但我觉得我有责任向您报告。"

听完我的话，投资人简单而有力地回应道："嗯，我知道了。"

最终，保洁阿姨得以留任。

这件事之后，保洁阿姨对我似乎更加亲近了，每次打扫我的办公室时都会格外用心，还会帮我清洗并消毒茶具，而这些原本并不在她的职责范围内。同时，我也感受到投资人对我的态度有所变化，对我更加信任和倚重。

你看，这样一件小事却推动我在职场中不断进步。

我一直强调，社交要向上，就要平等地看待每一个人，并主动与比我们优秀的人建立联系。

这里的"优秀"，不仅指个人能力，还指品质、性格和人格魅力。

这位保洁阿姨跟随投资人历经创业的起伏，展现了坚韧不拔、不离不弃的精神，拥有这种精神的她正是值得我们结交的朋友，也是我们应该去发掘的隐形人际。

什么样的人值得我们挖掘呢？

我根据自己的实践，总结出了具有几种特点的人，与大家分享。

1. 挖掘给你能量的人

现在流行一个词叫作"心力"。我认为，很多事情能否成功做到，并不完全取决于其难易程度，而在于你是否有足够的心力去推动它。

心力，一部分源自自身，另一部分则来自你周围的人。

有些人遇到挫折时选择逃避，有些人则喜欢抱怨，满身负能量，还有些人总是挑剔你的不足。与这些人交往，只会让你的心力被逐渐消耗殆尽。

相反，你应该去寻找和靠近那些能让你心力倍增、给你带来正能量的人。我前文中提到的创业女强人廖姐，就是一个典型的例子。

有一段时间，由于市场环境不好，公司发展陷入困境，我倍感焦虑。后来，我跟廖姐聊天，得知她的公司也面临着相似的挑战，但她并没有退缩，而是迅速行动，转型进入新的领域。

她的做事风格、思维方式以及行动力都深深鼓舞了我，让我瞬间重燃斗志。因此，我经常与廖姐聊天，话题除了创业和投资，更多的是日常生活中的琐事。每次与她交谈后，我都感到精力充沛。

当你致力于某项事业时，一定要去寻找那些有能量的人。从他们身上汲取营养和能量，推动自己不断向上。

举个例子。

有一段时间，我每天早上 8 点开始直播。虽然时间较早，但我发现有很多观众都在观看，并积极地留言互动。

有一位新疆的朋友告诉我，她早上定好闹钟，在被窝里看我的直播；有的朋友说她们在挤地铁或在给孩子做早饭时也会收看我的直播。

我很感谢她们，她们说，看完我的直播，自己在面对工作和生活中的烦恼时更有动力、勇气和能量了。

那一刻，我更加深刻地体会到了"向上研修院"存在的意义——为朋友们提供向上的心力支持。

2. 挖掘肯定你的人

在人生向上成长的旅途中，你一定要和打心眼里觉得你好的人在一起。他们能够看到你的优点并毫不吝啬地给予你肯定，在你感到不自信时，他们会给予你大量的夸奖和鼓励，真心实意地认为你很优秀。人是会在爱和夸赞中变得越来越自信的。因此，务必远离那些喜欢否定你，让你陷入自我怀疑的人，即便他们打着爱你的旗号，但那并不是真正的爱，而是对你潜力的忽视与打压。

举个例子。

你正在学习一项新技能，在面对复杂的操作步骤时常常感到力不从心。这时，如果你的伴侣或朋友只是一味地批评你做得不够好，说你太笨，那么你的自信心很可能会受到严重的打击，你甚至可能因此放弃学习。然而，如果有那么一个人，在你每次取得一点点进步时都给予你真诚的赞美，鼓励你坚持下去，那么你的动力将会大增，会在爱与肯定中逐渐找到自信，最终掌握这项技能。

那些能够给予你正面激励、传递积极情绪价值，并时常鼓励你的人，不仅会在你成功时与你一同欢庆，更会在你失败时给予你力量，让你重新站起来。他们比那些只会指出你缺点的人更加希望你成功，更能激励你向更好的方向发展。

记住，失败并不一定是成功之母，有时成功才是成功之母。

3. 挖掘沟通成本低或零沟通成本的人

千人宠不如一人懂。

举个例子。

我跟我的好朋友小麦为什么关系这么好？为什么我们能深入沟通？

因为懂。

我跟小麦认识20多年了，之前各自在不同领域深耕，直至7年前携手共创事业。在刚认识时，我们的商业认知并不一样，因此那时候谁也没想到能跟对方相处这么久。

我之前一直从事影视艺术行业的工作，她则专注于商业领域。我们存在的最大分歧是：面对一个项目，我会首先考虑创意，而她会马上计算项目的盈利情况。

这样不同的两个人为什么能走到一起？关键在于我们之间的沟通成本非常低。她理解我的创意，我懂她的商业模式，我们从不互相叫板，也不互相否定，而是互相尊重，取长补短。

在建立人际关系时，彼此的"懂"真的很重要。

举个例子。

在伯克希尔的大多数股东大会上，沃伦·巴菲特（Warren Buffett）在发言后，常询问查理·芒格（Charlie Munger）："芒格，你说呢？你还有什么要补充的？"芒格通常会回答："我没有什么要补充的。"这样的对话标志着大会的完美落幕。

2023 年 11 月，芒格离世。在随后的伯克希尔股东大会上，出现了一个感人瞬间。巴菲特发言后，习惯性地看向左手边，喊道："芒格，你怎么看？"回头却发现身旁已不是那位默契十足的老伙计，而是另一位同事的茫然脸庞。

巴菲特与芒格间的"懂"，在芒格离世后显得更加珍贵。

与懂你的人相处，能够滋养你的心灵，让你在疲惫与困惑中找到慰藉与指引。他们懂得你的喜怒哀乐，理解你的每一个决定与选择背后的深意。与这样的人交往，你无须隐藏真实的自我，无须担心被误解或评判。他们的存在，让你感受到被接纳与珍视，从而更加自信地面对生活的挑战。

《刺猬的优雅》里有这样一段话："我们都是孤独的刺猬，只有频率相同的人，才能看见彼此内心深处不为人知的优雅。相信这世上一定有一个能感受到自己的人，未必是恋人，他可能是任何人，在偌大的世界里，我们会因为这份珍贵的懂得而不再孤独。"

成年人的世界，重在筛选，而非改变。

你的"人际账户"也需要"创业"

"我要认识更多人。"

"我想走出自己的世界，结交优秀的朋友。"

"我想认识 × × 行业的人。"

……

别让这些美好的愿望仅仅停留在脑海中。是时候付诸行动了！是时候为你的"人际账户"创业，勇敢地迈出第一步了。

举个例子。

在一次知识分享会上，一位女孩向我倾诉："我觉得自己挺不错的，性格也和善，为什么很难交到朋友呢？"

我反问他："那你凭什么认为别人会愿意与你交朋友呢？"

当一些人苦恼于自己人缘不好时，我总会提醒他们，与其追问"为什么"，不如思考"凭什么"。

一个人不会无缘无故地对另一个人产生好感，当他人开始留意你时，一定是他被你身上的某个亮点所吸引了。这个亮点，正是你建立"人际账户"的起始资本。

再分享一个寓意深刻的故事。

有一对双胞胎姐妹放学回家，姐姐疑惑地问父亲："为什么学校里的同学都不太愿意和我玩？大家似乎都更喜欢妹妹。在家里也是如此，长辈们好像也更偏爱妹妹，这是为什么呢？"

父亲没有直接回答，而是微笑着转身拿了半个西瓜。

他告诉大女儿："你把这个西瓜分成两半，一半自己吃，一半留给妹妹。"

大女儿拿起勺子，把最甜的中心部分都吃掉了，剩下的则留给了妹妹。

吃完后，父亲让大女儿进屋休息。

小女儿回来后，父亲同样让她把西瓜分成两半，一半自己吃，一半留给姐姐。

小女儿把西瓜均匀地切开，并把看起来更大的一块留给了姐姐。

随后，父亲把姐姐叫出来，问："你现在知道之前问题的答案了吗？"

很多时候，人教人教不会，事教人一下就教会了。小女儿的善良和对姐姐的关爱，正是她的价值和魅力所在。从人际关系的角度来看，小女儿已经在为自己的"人际账户"投资了。

记住，好人缘不会从天而降，你需要主动展现自己的价值，为自己的"人际账户"添砖加瓦。

你可能会疑惑，自己的价值究竟在哪里？你的学识、才华、个性……这些都是你的优势，是你独一无二的魅力。你要做的是勇敢地发光，而不是在黑暗中默默等待。

不藏锋芒，才能聚光。

1. 积极而大方地展现自己

当遇到恰当的时机时，不要藏匿你的才华和成就。你要勇敢地站出来，慷慨分享你的经验，发表独到的见解，并积极投身于能够启迪你思维的讨论之中，以此让更多人看见你。

这种积极的自我展现，不仅能让你光芒四射，更能吸引众多目光，使人们自然而然地想要亲近你，与你建立深厚而持久的联系。

举个例子。

萨拉·布雷克里（Sara Blakely），作为享誉全球的内衣品牌的创立者，曾连续两年荣登福布斯全球亿万富豪榜，成为最年轻且依靠自身努力崛起的女性富豪之一。她的辉煌成就，既源于她对塑形内衣领域的深刻洞察与创新思维，也得益于她善于利用演说与舞台，充分展现个人魅力与才华。

布雷克旦深知，仅仅依靠产品的品质是不够的，还需要通过有效时传播来让更多人了解并认可自己的品牌。因此，她积极参与各种时尚活动、商业论坛和公开演讲，传播品牌故事和品牌理念。她的每一次演讲都充满激情与活力，让人们深受启发，也让她自己成为众人瞩目的焦点。

尤为值得一提的是，布雷克里曾主动向《奥普拉脱口秀》的制作团队寄送样品，并因此赢得了奥普拉的高度赞誉与推荐。这个举措不仅极大地提升了其品牌知名度，更让布雷克旦在公众面前的形象更加鲜明和立体。奥普拉的推荐如同一股强大的推动力，让其产品迅速走进了千家万户，成为时尚界的宠儿。

在舞台上，布雷克里更是如鱼得水。她善于运用各种舞台元素，如灯光、音乐等，来营造出一个充满氛围感的演讲环境，让观众更加投入地聆听她的演讲。她的演讲风格既专业又不失亲和力，让人们不仅对她的产品产生了浓厚的兴趣，更对她本人产生了深深的敬意和喜爱。

通过积极的自我展现，布雷克里成功地吸引了众多消费者的关注和喜爱，也赢得了众多投资者的青睐和合作机会。

生活中能够改变你人生轨迹的机会并不多，或许一生之中仅有那么一两次，一旦把握住了，人生便可能发生巨变，否则就只能错失良机。

再举个例子。

在一次常规的面试中，面试官突然问道："你会跳拉丁舞吗？能来一段吗？"面对这样的提问，多数人可能会因害羞而不敢展现自我。然而，M毫不犹豫地在面试现场跳了一段拉丁舞。最终，M成功获得了这份工作。

当然，M被录用的原因并不仅仅是她会跳舞，但不可否认的是，她在跳舞时所展现出的自信无疑为她加分不少。

入职后，公司为新员工举办了迎新宴会。在大家都表现得害羞和拘谨的时候，M主动站起来说："我来带个头，感谢公司领导让我们感受到了家的温暖。"

这句话成功地打破了沉闷的气氛，让公司领导感到开心，也让气氛变得活跃起来。同时，公司领导也开始关注这位勇敢且自信的新员工。

在后续的工作中，M总是表现得非常积极。无论是加班赶项目，还是陪同公司领导见客户，她总会第一个站出来说："我来！"

在面对选择保守还是勇敢展现自我的时刻，M总是选择勇敢地在恰当的时机积极地展示自己。因此，她得到了更多的关注，也获得了更多的机会，职位也随之不断提升。

当有人问你是否愿意登上某个舞台时，你一定要毫不犹豫地答应，勇敢地站上去。

2. 给自己创造一个舞台

或许有人会说，没有舞台怎么展示呢？但我想说的是，只要你愿意展示自己，哪里都可以成为你的舞台。

有一句话说'身份都是自己给的"，我想说"舞台都是自己搭的。"

举个例子。

塔拉·韦斯特弗（Tara Westover）是一位来自美国爱达荷州山区的年轻女性，她通过自己的努力和坚持，在学术界打造了属于自己的舞台。

塔拉出身于一个家人几乎没有接受过正规教育的家庭，家庭环境极为封闭。然而，她凭借对知识的渴望和自学成才的决心，逐渐摆脱了家庭的束缚，并最终获得了进入杨百翰大学深造的机会。

在大学阶段，塔拉不仅克服了学术上的重重困难，还积极参与校园活动，通过演讲和写作分享自己的成长经历。她的才华和努力逐渐得到了认可和赞赏，甚至吸引了媒体的关注。

随后，塔拉将自己的成长故事写成了自传体小说《你当像鸟飞往你的山》，这本书在出版后迅速走红，成为畅销书。塔拉通过这本书，不仅向读者展示了自己的才华和坚韧，还为社会带来了关于教育、家庭和自我救赎的深刻思考。

即使我们没有显赫的背景或丰富的资源，只要我们愿意施展才华，就一定能够找到属于自己的舞台，结识更多志同道合的人，实现自己的梦想和价值。

想建立更多的人际关系，关键在于学会为自己搭建舞台。

最直接的方式便是积极参与各类社交活动，如聚会、讲座、研讨会等，或者自己策划并举办一些活动。当然，在这个互联网迅猛发展的时代，你还可以在多个在线平台上充分展现自我。

你可以创建自己的自媒体账号，通过文字、图片、视频或音频等多种形式，大方地展示你的独特魅力。重要的是，不要让这件事成为你的负担，不必过分追求流量，要找到你最喜爱且最适合你的表达方式，在社交媒体上真诚地表达自己。

举个例子。

如果你既不喜欢拍照，也不擅长写作，但拥有动听的嗓音，那么不妨在音频平台上朗读美文、讲述故事，而不是勉强自己在视频平台上与镜头感极佳的人争夺他人的关注，那样反而无法充分展现你的独特魅力。

如果你拥有独特的兴趣爱好，那么组建一个兴趣小组将是一个很好的选择。在这个舞台上，你不仅可以与志同道合的小伙伴深入交流、畅谈梦想，还能充分展现你的组织能力和人际交往技巧。然而，组建并运营一个兴趣小组并非易事，需要时间和精力的投入，以及团队的协作。因此，在行动之前，请务必做好全面的评估。如果条件还不够成熟，你也可以先加入现有的兴趣小组，积累经验，积攒人缘。

如果你在某个专业领域有着深厚的积累并取得了一定的成就，那么构建一个专业社群或论坛将是一个非常不错的舞台。在这个舞台上，你可以链接更多的专业人才，共同探讨专业问题。

举个例子。

> 我是人兰向上的践行者，对如何向上发展、向上成长等领域有丰富的经验，于是我构建了"向上闺密团"这样一个专业社群。在社群中，我不仅分享自身经验，还会为遇到问题的伙伴提供帮助，而社群里的伙伴们分享的一些故事也为我打开新的思路。这种助力相互成长、相互成就的社群，本身就具有一定的吸引力。

正如好酒需要酒旗招展，你也需要一个舞台来展示自己。

好的人际关系需要"长跑"

投资"人际账户"不是短期储蓄，而是一场着眼于长远的投资。

人际关系的真正价值，不在于你的手机里有多少联系人，而是看你跟这些人建立的关系有多深入、有多长久。因此，在人际关系中，对于那些重要的"关键人际"和不易察觉的"隐形人际"，你要与他们建立深入链接，打造亲密、长期的人际关系。

举个例子。

> 沃伦·巴菲特与查理·芒格这两位投资界的泰斗级人物，早在多年前就结下了不解之缘。随着时间的推移，

他们之间的关系越发密切，成为彼此生命中不可或缺的人物。

自 1959 年相识以来，巴菲特和芒格经历了无数次的深入交流，他们的思想和理念在碰撞中逐渐融合，形成了独特的投资哲学。1962 年，他们正式展开合作，共同踏入了投资领域的征程。从那时起，他们便如同一体，携手共进，共同面对市场的风雨和挑战。

这一合作，便创造了长达 60 多年的辉煌历程。直到 2023 年，芒格离世，才为这段传奇般的合作画上了句号。然而，他们共同创造的投资奇迹，却将永远被镌刻在投资界的史册之中。

二人不仅在投资理念上高度契合，还在生活中相互支持。他们共享着一种独特的关系，这种关系远远超出了工作伙伴的界限，深入到了彼此的日常生活中，他们一起打网球、打高尔夫球。

在投资领域，巴菲特和芒格被誉为"黄金搭档"。他们相互尊重、互相学习，共同探索着市场的奥秘。他们的投资理念不仅为他们带来了丰厚的回报，也为全球投资者树立了榜样。他们共同创造了伯克希尔－哈撒韦公司的辉煌业绩，使其成了全球最成功的投资公司之一。

这一切成就都离不开他们长久维持的良好关系。

投资"人际账户"，靠的是信任与时间的累积。只有经得起时间考验的关系，才是好的关系。

那么，如何才能在人际关系中建立起这样的"好关系"呢？需要展开积极而有效的互动。

1. 高频互动

为了保持与朋友、合作伙伴或家人的紧密联系，你要跟他们进行高频互动。

举个例子。

巴菲特和芒格经常通过电话进行长谈，分享彼此的投资想法和心得，讨论市场的动态和趋势。这种高频的沟通不仅让他们的投资理念得以碰撞、融合，还让他们能够迅速应对市场的变化。此外，他们还会通过邮件互寄书籍、文章和剪报，共同学习、共同进步。这些文字交流，就像思想的火花，不断激发他们的创造力。

除了投资领域的交流，巴菲特和芒格还常常一起共进午餐，分享美食和生活中的小故事。这种亲密的相处方式，让他们更加了解彼此的性格、价值观和兴趣爱好，从而建立了深厚的友谊。

那么，如何进行高频互动呢？

首先，我们可以利用微信、电话等，定期与朋友、合作伙伴或家人保持联系。其次，可以约定固定的时间进行面对面的交流，如聚餐、周末出游等，以增进感情。最后，还可以通过共同的兴趣爱好来加深互动，如一起运动、一起阅读同一本书等。

在人际交往中，具体采取什么样的方式与对方保持什么频率的互动，要基于对对方的深入了解。每个人的性格、生活方式和沟通习惯都不同。因此，在与他人进行高频互动时，你需要细心观察、耐心倾听，找到最适合双方的沟通方式和频率。只有这样，你才能真正建立起稳固而长久的人际关系。

2. 好的关系都是"麻烦"出来的

在与他人交往的过程中，我们可以适度地向他人求助，这样反而能够加深彼此间的情谊。这种"麻烦"实际上体现的是一种积极主动且开放的心态。你帮我一把，我助你一回，这样的互动能让感情日益深厚，关系越来越稳固且长久。

举个例子。

我曾去拜访一位客户，会谈结束后，我们一同走到办公楼大门前，这时天空飘起了细雨。

客户关切地问："下雨了，你带伞了吗？"

有些人或许出于不愿麻烦对方的考虑，即便没带伞，也不好意思开口说没带伞，很可能会选择在对方走后自己再冒雨离开，或者想别的办法离开。

而我则坦诚地回答："没带。"于是，客户便上楼为我取来了一把伞。

之后，我特意带着一些小礼物去还伞，以此表达我的感谢之情。正是这样的一次次往来，让我与客户的关系更加紧密。

长久而稳固的人际关系始于"麻烦"，久于感恩。

但值得注意的是，"麻烦"也要有度，过度的依赖和无休止的请求只会让人感到负担，反而可能损害原本良好的关系。

如何把握这个度呢？简单来说，就是要确保你的求助是合理且适度的，不会给对方带去过多的困扰或压力。例如，在请求帮助时，不要涉及隐私话题，避免让对方陷入尴尬或为难的境地；不要要求对方为你寻求第三方的帮助，这样的请求往往超出了普通帮忙的范畴，容易让人感到为难和不适。保持求助的合理性与适度性，是维护关系长久且稳固的关键所在。

3. 成为同道中人

"我平时很'宅'，就喜欢在家里做饭。"

"我就喜欢刷短剧。"

"我就喜欢在家里'躺平'。"

……

如果你的生活常态如上所述，那么我必须提醒你：这样的生活方式或许会让你难以与那些杰出的人才建立起长久而稳固的人际关系。

举个例子。

除了在投资领域的紧密合作，巴菲特和芒格也非常注重在生活中的互动。他们经常一起打网球、高尔夫球，这些活动不仅让他们享受到了运动的乐趣，更在轻松的氛围中加深了彼此之间的友谊和默契。

4. 真诚是最高级的"套路"

在人际交往中，有些人习惯于只说恭维话，往往也因此沦为"隐形人"。原因在于，尽管人们可能出于礼貌接受赞美，但在内心深处，他们更渴望听到真诚的声音。

只要你说的是真话，出于为对方好的目的，并且能妥善把握场合与分寸，我都鼓励你勇敢地表达。真诚才是人际交往中最高级的"情商"。请相信，那些比你优秀的人，他们的心理韧性往往比你的更强，更能接受并珍视你的真诚反馈。

举个例子。

巴菲特和芒格在投资过程中经常进行深入的讨论和交流，他们尊重彼此的意见和想法，通过沟通和协商来达成共识。例如，面对一个潜在的投资项目，两个人都会提出自己的不同观点，详细阐述投资项目的优势、潜在风险以及预期回报率。然后共同讨论和做出决策。

在这个过程中，他们始终保持着坦诚和尊重的态度，没有任何隐瞒和保留，更不会以虚假之词敷衍了事。

每个人都是独一无二的个体，没有一套放之四海而皆准的方法能严丝合缝地帮你构建长久的人际关系。相较于追求那些看似完美的策略，我更加坚信，真诚的心才是维系人际关系的核心。

付出真心，不必过分计较即时的回报。在时间的见证下，你会发现，真诚带来的那些收获，往往是你未曾预料的惊喜与美好。

第 4 章

巧包装：

自带气场的 の 个维度

外表是敲门砖，
内在才是通行证。

包装自己，不是伪装，
而是放大你的优势。

做一个有内容的人，
才能让别人记住你。

好好说话，说好听的话，
是提升个人魅力的关键。

从根本上提升审美力，
才能让自己更有吸引力。

做一个有内容的人

好看的皮囊千篇一律，有趣的灵魂万里挑一。

什么样的人拥有有趣的灵魂？那就是有内容的人。

时常有人问我："例子姐，你说话总是那么吸引人，能否教教我你是如何做到的？"

其实，我想说的是，真正需要学习的不是表达技巧，而是学习能力。在我们的言谈举止中，不仅蕴含着我们阅读过的书和我们的智慧，也映射着我们人生旅途的足迹。

你喜欢阅读的书、关注的新闻、参与的活动，以及你那颗探索世界的好奇心，塑造了你的内在世界，而这个内在世界的丰富程度，将决定你能否成为一个真正有趣且有魅力的人。

举个例子。

我创业生涯中的首笔投资来自一位业界大咖的支持。

他为什么愿意投资我所做的项目？并不是因为我的招商投资方案有多么出众，也不是项目本身特别优秀，而是一个出乎我意料的理由——他十分享受与我交流的时光。

这位大咖的日程紧凑，他的生活几乎完全被工作占据，节奏紧张到生活近乎"与世隔绝"。为了帮他稍作放松，在每次会面商讨创业计划之余，我还会和他分享近期上映的电影和时事热点等信息。每当这时，他都会展现出极大的兴趣，听我讲述这些新鲜有趣的话题。

久而久之，他向我透露："我决定投资你的公司，但有个前提，希望你每月能来向我汇报工作，同时跟我分享些新鲜事，我就喜欢听你讲新闻和故事。"

当一个人拥有丰富的谈资时，他自然而然地会变得更加有趣。而一旦成为有内容之人，他就不仅能够为周围的人带来快乐，还能借此建立起深厚的人际关系，甚至吸引到那些他意想不到的机会和资源。

成为有内容之人的核心逻辑在于：机会总是青睐有准备的人。在学习道路上迈出的每一步，都将为你的未来铺路。

1. 默默扎根：悄悄增值自己

内容不会凭空而生，你需要持续为大脑注入新知，不断提升自我价值。

举个例子。

巴菲特曾评价芒格是"一本长着两条腿的书"。

芒格也曾直言："这辈子遇到的聪明人，没有不每天阅读的，一个都没有。"他经常随身携带一本书，因为"我手里只要有一本书，就不会觉得浪费时间。"

芒格还有一个雷打不动的阅读习惯——每天早上 6 点就要起床看书、看报。他的阅读不仅仅局限于某一个领域，他广泛涉猎包括化学、生物学在内的多个学科的知识。他认为一个人应该掌握 80～90 种思维模型，而这些思维模型都是他从阅读中获得的。

再举个"阅读狂人"的例子。

埃隆·马斯克，这位科技界的传奇人物，也是个不折不扣的"阅读狂人"。

马斯克曾说："是书籍先把我养育成人，其次才是我的父母。"他还表示，从小保持的阅读习惯，是他所有疯狂想法的源动力。他一个月能读完 60 本书，平均每天投入近 10 小时在阅读中。有时，他甚至能在一天内读完两本不同领域的书。

那些看起来专业、有深度、有内容的人，并不是天生就这样的。他们之所以能成为这样的人，是因为他们在不断往大脑里装知识。你要学习芒格和马斯克，做"阅读狂人"，多读书，将知识的力量化为向上的力量。

但阅读只是起点，真正的挑战是如何将这些知识转化为你在专业领域的实力。这就需要你在专业领域里不断实践、深耕、扎根。

你可能觉得自己平凡，对很多事情只是略懂皮毛，离真正的专业还有很远的距离。现在，我告诉你，不要这样想。你完全可以借助"1万小时定律"，将自己从普通人的行列中拉出来，成为某个领域的人才。

"1万小时定律"是作家马尔科姆·格拉德威尔（Malcolm Gladwell）在《异类》一书中提出的概念。他指出，人们眼中的天才之所以卓越非凡，并非天资高人一等，而是付出了持续不断的努力。1万小时的锤炼是任何人从平凡变得优秀的必要条件。

这个理论已被无数实例所验证。

世界著名画家列奥纳多·达·芬奇（Leonardo da Vinci）从15岁起在佛罗伦萨跟随名师学习绘画，通过反复练习画不同角度、不同光线下的鸡蛋，积累了大量的基础训练时长，最终创作出了《蒙娜丽莎》和《最后的晚餐》等艺术杰作。

同样地，很多在奥运会上取得优异成绩的运动健儿，除了天赋，他们更是通过每天8小时、全年无休的刻苦训练，历经多年，才铸就奥运奖牌。

你可以去大胆实践"1万小时定律"，成为专家。

当然，"1万小时的锤炼"不是盲目、机械性地重复，而是有目的、有方向、有策略地进行刻意练习。同时，你还要明白一个道理：一群人才能走得更远。在深耕专业的道路上，不要孤军奋战！

你要建立专业方面的人际关系，积极参与专业会议和活动，与行业精英保持联系，让每一次的交流和碰撞都成为你向上成长的力量。

当然，你最好可以找一个领域内的好老师或专家，他们的经验和智慧将是你向上成长道路上最宝贵的资源。他们的一句话、一个建议，都可能点亮你前行的道路，让你在专业领域里更加游刃有余。

刻意练习的最终目标是什么？专业深耕的边界究竟在哪里？

这个深耕是没有尽头的，它源于你对向上的不懈追求和无尽渴望，但有一个基本的航标——专业资格证。它不只是一张纸、一个标签，更是你无数个日夜刻意练习和磨砺技术的结果，是你专业实力最直观的体现。

你要先拿到这个最基本的结果，努力追求行业内的认证。

1 万小时只是成功的起点，真正的专业深耕需要你对工作保持持久的兴趣和热情，对自己的职业和领域做出长期的承诺，不断追求更优秀、更专业、更有内容的自己。

2. 惊艳亮相：让自己被看见

被看见是一种能力。

举个例子。

你们公司有没有这样的同事，每当新项目启动或新资源分配时，公司领导总是第一个想到他？

你是否认识这样一个人，每当大家讨论问题时，都渴望听听他的意见？

这些人难道是天生的幸运儿吗？为什么他们总能吸引大家

的关注？原因就在于，他们不仅具备价值，更重要的是，他们的能力被看见了。

有能力就不应含蓄隐藏，而应大方展现，让你的才华被大家看见。这要求你在两个层面努力：外在形象需得体，内在实力需过硬。

很多时候，外界关注的并不只是你具体掌握了哪些专业知识，还有你由内而外散发出的专业气质与自信，和"腹有诗书气自华"的魅力。

这种魅力，首先要通过你的外在形象来传达。

举个例子。

你去参加一个非常重要的商务宴会，你身着平日穿的随意的休闲装，没有任何其他装饰，你认为这只是日常工作的一部分，与上班并没有什么区别。

但是，此类重要的商务场合，不仅是你职业能力的展示舞台，还是你在社交场合综合能力的体现。换句话说，你在社交场合中的表现，正是你未来期望成为的自己。例如，如果你梦想在 3 年内晋升为总监，就请以总监的标准来塑造自己。

你的着装与造型需要升级，你的气场需要提升，你要通过这些来展现你的专业形象与综合实力。

外在形象是你给别人的第一印象，它就像一张名片，传达的是你的专业程度。

在打造个人 IP 的章节中，我曾提及外在形象需与人设相匹配。同理，你希望展现何种专业形象，就应从衣着、配饰、发型等多个方面来精心"包装"自己，让自己的形象更加专业。

举个例子。

如果你是一名银行工作人员，那么一套得体的西装或银行职业装，再配上一双干净锃亮的皮鞋，无疑能更好地凸显出你的职业素养和专业精神。

如果你是一名保险经纪人，那么一身干净、整洁的商务正装，以及一双既舒适又符合场合的鞋子，将更能够展现出你的专业形象与可信度。

当然，在保持专业形象的同时，你也可以融入个人风格，让自己看起来更有个性。例如，搭配配饰，既能彰显个性，又不会削弱整体形象的专业感。

当然，专业形象固然重要，但真正能够撑起你强大气场的，是你内在深厚的学识与真才实学。

举个例子。

乔布斯会在苹果新品发布会上，把自己对产品的深刻理解、对行业的敏锐洞察、对未来的精准预见，都巧妙地融入了他的演讲中。例如，"设计不仅仅是产品的外观和感觉。设计就是产品的工作方式。""人们不知道自己想要什么，直到你给他们看。"这些观点都融入了他对产品、对未来趋势的思考和洞见。

这就是他展示自己专业能力的方式，让大家不仅对产品充满信心，更对他本人及其品牌产生了深厚的信赖。

那么，如何有效地展示自己的专业实力与真才实学呢？以下几点建议或许能为你提供启示。

一是善用专业术语，深化专业形象。专业术语是行业内交流的密码，它们承载着专业知识的精髓与行业的独特逻辑。善用专业术语，不仅能够帮助你更准确地表达专业观点，还能帮助你在交流中迅速建立专业形象，赢得同行的尊重与认可。

例如，在金融行业，如果你能够熟练地使用复利效应、风险分散等术语，并结合具体案例进行阐述，那么你的专业形象将迅速得到提升。同样地，在信息技术（IT）领域，当你能够用云计算、大数据、人工智能等前沿术语来讨论行业趋势时，你的专业素养也将得到彰显。

二是以积极的语言展现解决问题的能力。在面对问题与挑战时，积极的语言能够展现你解决问题的决心与能力。避免使用模糊、消极的词汇，如"可能吧""试试看"等，而应尽量采用"我能够""我会解决"等坚定有力的表达。

例如，在项目管理中，当团队面临进度延误的困境时，你可以说："这个问题虽然棘手，但只要我们调整计划、优化资源分配，就一定能够按时完成任务。"这样的表达不仅展现了你的冷静与自信，还能激励团队成员共同面对挑战。

三是通过社交媒体展示深度思考与专业素养。社交媒体已成为现代人展示自我、交流思想的重要平台。通过分享高质量的内容，你可以展示自己的专业素养与深度思考，从而增强个人 IP 的影响力。

例如，作为一名市场营销专家，你可以在朋友圈分享最新的市场趋势分析、成功的营销案例，以及你对未来市场走向的预测。这些分享不仅能够展现你的专业素养，还能吸引潜在客户的关注，为你的业务拓展创造更多机会。同时，你也可以积极参与行业内的讨论，留下有价值的观点与见解，进一步提升你的行业影响力。

记住，每个人都渴望被看见。被看见，本身就是一种力量，它能汇聚成强大的气场，让你脱颖而出。

好好说话，说好听的话

语言是有能量的。

古雅典雄辩家狄摩西尼（Demosthenes）曾说："一条船可以由它发出的声音知道它是否破裂，一个人也可以由他的言论知道他是聪明还是愚昧。"

举个例子。

在某次直播中，一位网友在弹幕上评论道："天天谈论些陈年旧事，显然没什么文化底蕴。"这条评论瞬间触动了平日温文尔雅的知识博主 W 的敏感神经，他情绪崩溃了。

在数十万名观众的注视下，W 竟直接点名斥责这位网友："你懂什么？懂点皮毛就开始自以为是！你这种无知的人，没资格在这里评论！"W的言辞愈发激烈，甚至开始用侮辱性和诅咒性的话语，将那位网友贬得一无是处。

　　直播间内的观众越来越多，大家认为W口无遮拦，情绪失控，纷纷表示要取消关注。一夜之间，W的关注人数骤减十余万。

　　语言不仅是一种沟通的工具，更是认知的载体，是智慧的镜子。你的言辞反映着你的性格，塑造着你的形象和气场。那些优秀的人，都懂得好好说话，说好听的话。

1. 好好说话：语速要慢，语气要肯定

　　水深则流缓，人贵则语迟。

　　语速，能够表达情感，它在一定程度上暴露了你的心态和状态。

　　心理学研究发现，那些在公众场合说话急促的人，往往内心缺乏底气。相反，那些能放慢语速的人，则显得从容不迫、深思熟虑，更能展现气场。因此，在说话时，你应该适当把语速降下来，不要让语速超过大脑的反应速度。但放慢语速并不是故意拉长说话的时间，而是要把握好节奏。

　　在讲话之前，你要先思考自己想说的内容，在脑海里打个草稿。这样，当你开口说话时，你的思维能够跟你要说的话同步，你就可以更加自如地控制语速了。

　　当然，平时的刻意练习也是必不可少的。你可以尝试用手机录制自己说话的视频，然后反复、仔细观看，找到需要改进的地方，并通过练习不断改善。

更重要的是，会说话的人通过语言传递的不只是信息，还有态度和情感。在表达观点时，你要多使用肯定的语气，保持声音的平稳和坚定。一定要避免使用疑问句或模棱两可的话，它们可能会破坏你的气场和权威性。

举个例子。

当他人对你的专业能力产生怀疑时，一定要记住，不要急躁地与人争辩。那样不仅会显得你缺乏风度，更可能加剧他人对你专业度的质疑。

此时，你可以从容不迫地回应："您提出的观点非常中肯，我回去会认真思考并消化的。不过，我也想分享一下我的看法，这些观点是基于我过去半年所做的深入调研和细致思考得出的。当然，这只是我的个人见解，我非常欢迎您提出更多的建议，我们可以共同探讨，求同存异。毕竟，真理往往是在辩论中越辩越明的，您说对吗？"

在说话这件事情上，除了语速和语调，很多人还会深陷音量误区：声音越大，气场越强。

这个观点正确吗？

作家梁实秋曾经说过这样一句话："一个人大声说话，是本能；小声说话，是文明。"文明本身就是一种气场。

有理不在声高。音量大既不代表你有理，也不意味着你具有权威。真正有内容和深度的话，往往如同春雨润物细无声，字字珠玑、直击人心。

避开音量误区的同时，你还要警惕话多的陷阱。

曾仕强先生曾说："从小到大，凡是话太多的人，第一个伤元气，身体不会好；第二个，人家听了就厌烦。"

好话不在多。正如莎士比亚所言："简洁是智慧的灵魂，冗长是肤浅的藻饰"。

举个例子。

在大学期间寻找实习工作时，我曾打电话给 HR，当时的我毫无章法、断断续续地抛出了一系列我能想到的问题。随着对话的深入，我能感受到对方的耐心在逐渐消失，而我也不好意思继续问下去，最终没有获得我想要的信息。

几天后，我吸取了教训，改变了与 HR 的沟通方式。我开始采用诸如"我想咨询 3 个问题，第一个是关于……""您的意思是……""我的理解是……"等更为清晰、有条理的表达方式。这一次，我的言辞更加简洁明了，语气也更加坚定。显然，这样的改变让 HR 更加耐心地、认真地回答了我所有的问题，整个交流过程非常顺畅。

回顾我第一次的失败，我想在很大程度上是因为我言辞冗长且啰唆。这样的沟通方式不仅显得我表达不清，还削弱了我的气场，自然难以赢得对方的耐心回应。

一个总是不分场合、喋喋不休的人，很容易因言多必失而招致他人的反感。相反，一个说话精练的人，无论走到哪里都更容易受到人们的欢迎。

你是否也有过这样的经历：当别人通过微信语音消息与你

交流时，他们一句句地发送，发送十几条消息，而你需要听完十几条语音消息才能搞清楚他们到底想说什么。这时，你可能会疑惑："为什么不能整理下自己的思路，用一段话把事情概括性地讲明白呢？"

这种沟通方式显然缺乏考虑，只图自己方便，不顾对方的感受。这种低效率的沟通方式，往往会给人留下不佳的印象。

好话除了精练，还要避免出现削弱气场的废话和网络语言。

举个例子。

"嗯、噢、哦"的口头禅，还有"这个""那个""就是说"等词语，很像说话的杂音，会显得你不够专业，甚至带有几分唯唯诺诺。

另外，在正式场合，尽量不要说网络流行语。网络流行语虽然能让年轻人之间的闲聊变得有趣，但在正式的社交场合，它们就像是潜伏的"小病毒"，会削弱你的气场和专业能力。尤其是在与重要人物交谈时，更要避免使用网络语言，保持你的专业性和权威性。

说话的气场可以通过后天的努力练就。现在就行动起来吧，看访谈录、听演讲、参加专业培训、阅读专业书籍……每一次的刻意练习，都能提升你的说话能力。

一个人最难的修行，是表现自己，更是在人多的时候知道如何说话。

谨言慎行，好好说话，是一个人的大智慧。

2. 说好听的话：话有三说，巧说为妙

同样的内容，尤其是赞美，用不同的词汇和方式来表达，效果大不同。

举个例子。

你称赞某个人的工作成果时说"不错""很好"，这样说虽然简单、直接、干脆，但显得很平淡，很难让对方感受到你的诚意。而如果你换个说法，例如"你做得太棒了，每一个细节都能看出你的专业和用心"，这样的表达不仅更加生动，也更能让人感受到你的真诚与欣赏。

如果你想让自己的赞美更加打动人心，那就试试下面这几种做法。

夸细节。例如，当你的同事在会议上提出了一个巧妙的解决方案时，你可以这样赞美他："你刚刚提出的方案真的太有创意了，特别是那个利用××数据模型的点子，既实用又高效，真是让我眼前一亮。"

夸专业和用心。例如："你在市场分析报告中对消费者行为的洞察真的太精准了，每一个数据点都反映了你的专业素养和用心。"

夸未来。例如："我相信，凭借你的才华和努力，这个项目未来一定能取得成功！"

蕾秋·乔伊斯（Rachel Joyce）在《一个人的朝圣》中写道："珍惜语言的真情实意，不要拿它们当弹药来使。"言为心声，每一次开口，都是内心的映照。

好好说话，说好听的话，这是你的气场，更是你的风骨。

做一个情绪稳定的人

为什么大家都喜欢情绪稳定的人？因为稳定的情绪里，藏着一个人的气场、格局和实力。

举个例子。

Z 是一个情绪非常稳定的人。

在一次重要的项目谈判中，对方公司派出了经验丰富的谈判高手李先生。会谈刚开始，对方就火力全开，气势汹汹地说："你们这个方案简直是在开玩笑！就这样还想和我们签合同？简直是做梦！"

面对此景，一些情绪易波动的人或许早已怒不可遏，甚至结束谈判。但是 Z 并没有被对方的言辞所激怒。

Z 冷静地回应："李先生，我尊重您的立场，但我们也有我们的考量。这个方案是我们团队深思熟虑的结果，相信对双方都有益处。如果您有疑虑，我们可以坐下来慢慢探讨。"

尽管李先生依旧咄咄逼人，但 Z 始终保持着冷静与从容。

随后，Z 详细剖析了项目的优劣，并提出了一个既兼顾己方利益，又满足对方需求的新方案。他以数据和事实为依据，让对方无从辩驳。

Z 稳定的情绪不仅让己方团队保持了冷静与理智，也逐渐让李先生放下了之前的傲慢和偏见。

经过几番讨论和协商，双方最终顺利达成了合作。

真正的力量并不体现在尖锐的言辞或激动的情绪上，而在于内心的沉稳与强大。这种沉稳传递给人的信息是强大的实力与自信。

要修炼出稳定的情绪，就需要涵养心性，你可以从及时给情绪"放气"、给情绪一个出口以及把情绪放在更大的世界里这 3 个维度入手。

1. 及时给情绪"放气"

"我刚才怎么这么暴躁？"

"我怎么在这么多人面前情绪失控了。"

"我怎么能这么激动呢？太丢脸了！"

有一天，你的情绪突然爆发了，但你怎么都想不明白自己为什么会突然这样。但其实，你以为的"突然"，正是坏情绪蓄谋已久的结果。

举个例子。

朋友随口说的一句"你穿的这身衣服搭配得一点也不好看"，你听完心里可能就产生了"小疙瘩"；公司领导严肃点评你"写的方案都是些什么玩意儿"，你或许瞬间就泄了气；父母念叨"整天抱着手机，你能不能干点正事"，你的心里可能就会很郁闷；好朋友在朋友圈晒出了聚会照片，却没有邀请你，你或许会感到无比失落……

这些坏情绪正在击中你，而你可能还没察觉到这些变化。你就像个被不断充气的气球，随时都有可能因为情绪过载而"嘭"的一声爆炸。

为了避免发生这种情况，你就要及时给情绪"放气"。

我分享一个简单、日常可操作的情绪"放气"法，这个方法由三个核心句子构成。

第一句：我释放出所有关于＿＿＿＿＿＿（悲伤、消极、焦虑等负面词语）的执念、观感和评判。这句话可以帮助你摆脱负面情绪的纠缠。

第二句：我释放所有关于相信我是＿＿＿＿＿＿（与前一句空挡中相同的负面情感）的需要和执着的渴望。这里进一步帮助你放下对负面身份的认同。

第三句：我现在完全接受和相信，在我的每一个层面，我都是＿＿＿＿＿＿（喜悦的、积极的、自信的、平静的等，与前两句相反的正面词语）。这句话为你注入正向的能量和信念。

在运用上面的方法对情绪"放气"之前，你需要先深呼吸，清空大脑里的杂念，让内心保持平静。

举个例子。

你可以这样告诉自己："感谢我已经拥有的一切，我现在放下大脑里的所有思绪，并对负面情绪进行'放气'，然后准备阅读上面 3 句话。"

在上面的空格中填入你想要释放的负面情绪，并将注意力集中在填写的词语上。每次只对一种负面情绪"放气"，完整地念完 3 句话。你可以根据自己的感知或内在想法，反复读这 3 句话。

切记，第三句话中的词语必须是正向的，用来替代旧的负面情绪。例如，喜悦、积极、自信、平静等都是很好的选择。

举个例子。

我释放所有关于自卑的执念、观感和评判。我释放所有关于相信我是自卑的需要和执着的渴望。我现在完全接受和相信，在我的每一个层面，我都是积极的、自信的。

每天抽出几分钟的时间给情绪"放气"，然后感受自己的变化。即使无法全面清理负面情绪，这个方法也会给你带来意外的惊喜。

2. 给情绪一个出口

心理学家弗洛伊德曾说："未被表达的情绪永远都不会消失，它们只是被活埋了，有朝一日会以更丑恶的方式爆发出来。"

大多数情绪不稳定的人，在他们的身上都有一个共性——心里有话说不出来。他们就像被封在瓶子里的"情绪怪兽"，一旦情绪爆发，就只能用大喊大叫、摔东西的方式来发泄。

其实，每个人都有能力成为自己情绪的"驯兽师"，而不是任由情绪摆布的小丑。在焦虑、难过、烦恼时，千万不要忍着，要通过自己喜欢的方式把它们表达出来。看电影、听音乐、做运动、向朋友倾诉、写日记或寻求专业人士的帮助，这些都是情绪出口。

如果你实在找不到好办法，那么大哭一场也行。

3. 把情绪放在更大的世界里

情绪产生的过程，实质上是对某一事件进行评判后所引发的相应情感反应。当你觉察到自己陷入情绪旋涡，尤其是被负面情绪包围时，不妨先停下来，问自己："我为什么会生气？"

这个问题可以让你重新审视、看待那件让你生气的事情。你可能会发现，之前的判断或许过于仓促，或许对别人抱有过高的期待，又或许对某些细节过度解读。

举个例子。

你的丈夫下班回家，一进门就说："今天邻居家又做了什么好吃的菜？闻起来好香啊！"你一听这话，心生不悦，脱口而出："你闻着别人家的菜香，那就直接去别人家吃吧！"

但此时你如果能冷静下来，理性地分析：他是否真的想吃别人家的菜？是否真的在暗指你做的菜不好吃？在多数情况下，可能是你过度解读了丈夫的话，丈夫只是单纯地和你分享当下的感受而已，并无他意。

试想，如果你因这句话而生气，结果会如何？丈夫可能会愤然离去，晚餐计划泡汤，你也会在家中闷闷不乐。

因丈夫的一句无心之言导致两人冷战数日，这显然得不偿失。明智之人肯定不会如此行事。

把情绪放在更大的世界里，从更高的认知看待情绪，情绪自会"大事化小，小事化了"。

随着阅历的丰富，你会逐渐明白，每一次的冷静思考都是对自己认知能力的提升；多读书，多经历，多思考，让自己的认知水平不断跃升。这样，你将变得更加平和。这种平和并非冷漠，而是历经世事之后，依然热爱生活、保持激情的宁静之美。

对情绪认知的最高境界不是对抗，而是接纳，并与之和谐共处。

人生中的绝大多数情绪几乎都可以用"三不原则"来化解：不纠结、不排斥、不消灭。

不纠结是一种接受。情绪就像潮起潮落，其波动是生命中的正常现象。与其纠结于情绪的根源，不如学会坦然接受。情绪的存在有其合理性，只要不伤害自己和他人，就给它自由。

不排斥是一种疏通。愤怒、恐惧、悲伤……每一种情绪都有其独特的价值。愤怒让你警惕危险，恐惧让你未雨绸缪，悲伤让你反思需求。接纳情绪，让它们在内心自由流淌，释放出积极的力量。

不消灭是一种共存。情绪不是你的附属品，它只是一个过客，途经你的生命。你无须刻意去消灭它，只要不主动挽留，它自然会悄然离去。

古罗马哲学家塞涅卡曾说："差不多任何一种处境——无论是好是坏——都受到我们对待处境的态度的影响。"真正的高手早已不再追求戒掉情绪，他们明白"情绪之害，不在有，而在避"。

木心先生曾言："人不是容器，人是导管。"快乐、悲伤，都是生命中的体验。当你学会与情绪共存，学会做一个情绪稳定的人，用更多的精力去体验情绪带来的美好时，你一定能拥有美好的人生。

学会有效发"朋友圈"

问大家一个问题：当你与一位新朋友相识并互相添加为微信好友后，如果你想更深入地了解对方，你首先会做什么？

"翻他的朋友圈。"

我想，这或许是大多数人的回答。通过朋友圈，我们能够大致了解新朋友的生活片段、兴趣爱好以及职业背景，从而对其有了初步的认识。

朋友圈是你的广告位，是你链接他人的渠道，你要好好经营它。

或许有人会有以下这样的观点。

"朋友圈是我自己的，我想发什么就发什么，没有必要在乎别人怎么看我"

"朋友圈的本质是记录我的生活，我随心所欲即可。"

当然，如果你将朋友圈当作私人日记，随心所欲地记录生活，也并没有什么不妥。但是，这也意味着你将放弃一个极佳的自我展示平台，一个提升个人影响力的机会。

反观那些杰出人士、行业翘楚，他们的朋友圈往往是经过深思熟虑、精心策划的。他们发布的每一条动态都有意义，能够吸引他人的注意并引发互动。

一个有效的"朋友圈"应当遵循的黄金准则是：将自我愉悦与对他人有益（利他）完美融合。

如果你的朋友圈内容与他人毫无关联，那么吸引他人关注的可能性就会大打折扣。因此，在发布朋友圈时，你要秉持利他思维，确保内容对他人具有价值，或者你分享的信息能够填补他们的认知空白，使他们通过你的朋友圈获得新知。

举个例子。

当某位博主的粉丝数量达到 15 万时，如果他只是在朋友圈简单地发布："哎呀，我终于有 15 万名粉丝了，好开心啊。"那么这样的朋友圈只是单纯记录了他的生活，对他人而言并没有实质性的价值，大家只会"一看而过"。

然而，如果他换一种表达方式："功夫不负有心人，我终于迎来了 15 万名粉丝的里程碑。记得有位行业前辈曾提及，拥有 20 万名粉丝或许就是跨过财务自由的门槛，我要继续奋力前行。"

换一种表达方式后，同样的信息给人的感觉就立刻不一样了。他人能从这条朋友圈中汲取行业新知——拥有 20 万名粉丝或可视为跨过财务自由的门槛。因此，这样的内容更有可能引发他人的点赞、好奇，甚至促使他们与你进行私下交流。

掌握了利他这个原则之后，我们再具体看看，一个有效的朋友圈究竟应该如何发。

我认为有 3 个维度非常重要。

1. 人群维度：我是谁，我的好友是谁

人设不同，受众不同，内容自然不同。在发朋友圈前，你需要先精准回答两个问题："我是谁"和"我的好友是谁"。

"我是谁"关乎个人 IP 的塑造，即你在朋友圈中展现的人设。

举个例子。

> 如果你是一名美妆博主，那么你在朋友圈中就应该是一位专业的美妆导师，分享化妆技巧、进行产品推荐。

"我的好友是谁"指向目标受众的识别，即你需要清晰了解你的朋友圈是为哪类人群服务的。

举个例子。

> 作为美妆博主，你的朋友圈应该吸引那些对美妆有兴趣、想学习化妆技巧、寻找心仪产品的人。

"我的好友是谁"这个问题不仅决定了你在朋友圈发布的内容，同时还决定了你要采取什么形式来呈现内容。

举个例子。

> 如果你是一位专注于文学创作领域的创作者，你的目标用户可能是一群热爱文艺、追求文学性的读者。那么，你可以把朋友圈打造成一本精致的电子文学杂志，每一篇

分享都充满诗意与情怀。排版、布局，甚至每一个字的选择，都透露出你对文学的热爱与敬畏。

如果你的用户群体偏向于务实、接地气的人群，那么你的朋友圈也需要相应地调整。直接、简单、实用的内容更能吸引他们。分享生活中的技巧和妙招，或是与他们聊聊最近的热点话题，这都能让他们感受到你的真诚与用心。

打造朋友圈，方向比方法重要。你要时刻记住"我是谁"和"我的好友是谁"。

2. 发布维度：发什么内容？什么时间发？一天发几条

在探讨如何打造符合个人 IP 形象的朋友圈时，我们需细致分析以下几个关键发布要素，而所有策略均都以合法合规为基石。无论是原创内容还是转发链接，都须严格遵守法律法规，数字化时代的信息留存特性要求我们摒弃任何侥幸心理，任何私密内容的发布也应遵循合法原则。

在合法合规的前提下，你要基于自身定位和目标受众定位，对内容进行有针对性的布局。

举个例子。

如果你是插画师，你的目标用户是插画爱好者及学习者，那么你的朋友圈就应该成为他们获取插画信息、学习插画技术的平台。

尽管受众的不同会导致内容上的差异，但一个高质量朋友圈的核心要素可以归结为三大支柱：专业展示、成果汇报以及情怀与审美表达。

举个例子。

之前，我在做节目时，客户是电视方、平台方，那么我的朋友圈要如何围绕上面的三大支柱展开呢？

第一，专业展示。我会分享诸如"我们团队最近在某某地点进行了创意的碰撞，诞生了许多新颖的想法"，或者"我邀请了国际知名的编剧老师加入我们的团队"，又或是"我参加了某个权威的专业论坛"等内容。这样做的目的是让我的客户——电视方和平台方，看到我及团队在行业内的深厚底蕴和持续不断的创新精神。

第二，成果汇报。我会自豪地在朋友圈发布"我们的节目收视率再次攀升，荣登收视榜首"。这样的成绩展示无疑是彰显我的专业能力和节目的市场影响力最直接也最有说服力的方式。

第三，情怀与审美表达。我会在朋友圈分享关于红酒的品鉴心得、阅读感悟以及在旅行中的所见所闻，同时也会展示我在非工作时间依然保持精致生活的态度，如考究的服饰搭配等。这些分享不仅展现了我对生活的热爱和对高品质生活的追求，还让我的朋友圈更加生动有趣，更具个人魅力。

前两点，专业展示和成果汇报，是构建我专业形象的基础；而第三点，情怀与审美表达，则是我个人魅力的展现。三者相辅相成，共同塑造了一个既专业又富有生活情趣的我，这样的朋友圈自然能够吸引他人，让人愿意与我结交。

值得注意的是，朋友圈的内容一定要和你当下的人设高度契合。

举个例子。

我目前是一名知识主播，我的目标受众主要是粉丝、合伙人以及"向上研修院"的闺密们。因此，我在朋友圈发布的内容需要进行相应的调整。我不再提及之前行业内的相关内容，这些话题我的受众并不感兴趣。我现在的专业展示主要聚焦于对女性成长的见解以及促进个人成长的方法，而成果汇报则转变为粉丝数量的增长、活动现场的照片等，以此来展示我的影响力和活跃度。此外，我的情怀和审美也转变为对女性的深入理解和包容，以及分享能够提升闺密们审美力的好物，以此来展现我的人文关怀和品位。

在确定了朋友圈要发布的内容之后，选择发布时间同样至关重要。你可以把你的朋友圈想象成电视台，每天定时播出你的"节目"。

什么时候是最佳的"播出时间"呢？

举个例子。

如果你的目标受众主要是白领一族，他们在早上 7 点的早高峰时段或晚上 7 ～ 10 点之间浏览朋友圈的可能性较大，因此这些时间段是发布朋友圈的理想选择。

而下午一两点通常是大家忙碌的时间，大家无暇顾及你更新的内容，因此你最好避开这个时间段。

你需要根据目标受众的生活习惯来安排你的"播出时间"，以确保"节目"每一次"播出"都能精准触达他们。

当然，偶尔也会有人在深夜难眠时或在工作间隙翻看朋友圈，因此你不必"定点播放"。偶尔的任性也是一种魅力，可以增加你的亲和力和真实感。

但是，任性也要有限度。过度"刷屏"会引起他人的反感，让人觉得你过于空闲或过于依赖社交媒体。同样地，发布频率过低也不行，长时间不出现，大家就会逐渐淡忘你。

我认为，发布朋友圈的频率保持在一天一次或两天一次是比较适宜的。这样既可以保持你朋友圈的活跃度，又不会过于频繁地打扰到朋友。

当然，在特殊情况下，如旅行、参加重要活动或学习新技能时，你可以适当增加发布朋友圈的频率，分享你的经历和感受。这不仅可以丰富你的朋友圈内容，还能让你的朋友们感受到你的热情和活力。

3. 互动维度：怎么回复他人的互动

朋友在朋友圈中与你的互动，不仅是展示你个人魅力的机会，更是链接"贵人"的宝贵契机。如果你能巧妙、得体地回应，互动便可能持续深化；反之，如果你回应不当，互动或许就此止步。

那么，如何高效地回应朋友圈的互动呢？以下我将从点赞、评论、私聊 3 个维度为你们深入剖析。

面对他人的点赞，我们应如何回应

他人给朋友圈点赞了如何回应？我分两种情况来说。

第一种情况：常态点赞。如果他经常为你点赞，那么保持自然态度，无须特别处理，但需留意其点赞的内容，以便日后交流。

第二种情况：偶然点赞。如果他很少给你的朋友圈点赞，却在你发布某条朋友圈后点赞，你就需要对此高度重视。例如，你在朋友圈发布了一条关于"自媒体平台的粉丝数突破 15 万"的内容，此时有人点赞，你应主动私聊，表达喜悦并提及自己的成长历程，如"看到您为我点赞，真的感到很开心。从 0 到 15 万名粉丝，一路摸索，收获颇丰……"借此机会，引导话题，或许能促成线下会面。

面对他人的评论，我们应该如何回应

他人对你的朋友圈发表评论，这往往意味着他对你的内容产生了共鸣或思考。此时，你的回应至关重要。如果是常规的简短评论，那么你热情礼貌地回复就好。如果是内容较长或包含复杂问题的深度评论，那么你一定要私信回复，表达感谢、认同，并分享你的见解或回答他的问题。记住，他给你 1 分的互动，你应当回馈 10 分的热情与真诚。

面对他人的私信，我们应该如何回应

这个问题其实很简单。如果他主动私聊你，这无疑是对你

朋友圈内容的高度认可，也是他想与你建立链接的信号。这时你真诚回复就好。对于他想了解的事情，你可以详细地跟他介绍。当然，你们也可以约时间详细面谈，进一步加深关系。

高质量的互动，是建立关系的开始。

从根本上提升审美力

现在这个时代，拉开人与人之间差距的，不一定是知识的多少，也可能是审美力的高低。知识固然能增强个人气场，但审美力才是决定气场高度的关键。

举个例子。

阅读外交大使傅莹所著的《大使衣橱：外交礼仪之旅》后，我对审美力的认识更为深刻，坚信它是提升个人竞争力、增强气场的重要力量。

在《大使衣橱：外交礼仪之旅》这本书中，傅莹以自己的经历为主线，讲述了学习国际礼仪知识、完善礼仪实践的成长故事，分享了一段认识美、寻找美、提升审美力的心灵之旅。傅莹大使不仅非常详细地讲述了如何在不同的场合选择适宜的服饰，还分享了国际礼仪背后的内涵：如何怀着尊重他人之心，得体地表达自己，从容地面对世界。

无论是置身于国际交流的宏大场景，还是日常社交的细微之处，审美已悄然成为不可或缺的社交技能。

诚然，提升审美力并不是一件简单的事情，但我们可以从基础做起，循序渐进，不断积累、成长与精进。

1. 得体，符合场合

得体是提升审美力的基本功。得体不仅意味着服饰需与个人身形相得益彰，更关键的是要恰当地贴合所处的场合。

傅莹大使在《大使衣橱：外交礼仪之旅》的开篇引用了《礼记·曲礼上》中的"入境而问禁，入国而问俗，入门而问讳"。这句话揭示了社交礼仪，尤其是着装规范，必须与特定场合相匹配的重要性。

举个例子。

> 我的一位闺密在一次极为正式的沙龙活动中选择了穿运动装出席，而其他人则都穿着正装。这样的穿着显然不符合这场活动的场合要求，让她显得很不得体，同时她自己在现场也感觉很尴尬。

在这样的场合下，如果不能给予所出席场合应有的尊重，那么也难以获得场合内其他人士的尊重。

要想做到穿着得体、符合场合，第一，我们需要了解活动的性质和目的，明确其正式程度。对于正式的活动，如商务会议、晚宴等，我们应选择正装出席，以展现我们的专业性和尊重的态度。而对于休闲或娱乐的活动，如户外野餐、朋友聚会等，我们则可以穿着更加轻松、随性的服饰。第二，我们还需要考虑活动的环境和氛围，选择与之相匹配的色彩和款式。例如，在庄重、严肃的活动中，我们应选择颜色较为沉稳、款式简洁大方的服饰；而在轻松、欢快的活动中，我们则可以尝试更加鲜艳、活泼的色彩和款式。

只有了解并尊重场合的规范和要求，我们才能更加自信地与他人交往，赢得他人的尊重和信任。

2. 追求品质

"20 岁才追求样式，30 岁该追求品质了。"这是电视剧《三十而已》里的主角王漫妮说的一句话，很现实也很真实。

王漫妮为公司拿下了百万大单，公司奖励她免费游轮旅行。为此，她还特地在自己工作的品牌店里给自己买了一双名贵的高跟鞋。她的同事觉得店里的鞋子价格有点高，就建议说："要不要我给你推荐卖仿品的？"

王漫妮说："我不要，我要买就买真的。而且我已经算好了，每个季度买一双打折的好鞋，高跟鞋、凉鞋、运动鞋、皮鞋，一年 4 双就够了。"

同事不理解地问："一双打折的鞋都能买四五双普通鞋了，多换个样式不好吗？"

王漫妮说："20 岁才追求样式，30 岁该追求品质了。"

我的观点也是这样的。什么年纪办什么年纪该办的事，什么年纪穿什么年纪该穿的衣服。到了 30 岁，你就要在自己的经济能力范围内，穿品质好一点的衣服。

品质代表的不只是你的外在形象，更是你的实力和气场。

那么，什么样才算得上品质？一定是昂贵的？一定要是大品牌的？

不一定。在当下的时代，品质的定义已经超越了单纯的物质层面，它更多地体现在对细节的关注、对工艺的坚持以及对生活态度的表达上。一件品质优良的衣服，不仅面料上乘、剪裁得体，还能够传递出一种对生活的热爱和对自我的尊重。这种品质，不只体现在穿着上，更体现在我们的言行举止、工作学习等各个方面。它是我们对美好生活的不懈追求，也是我们个人魅力的重要组成部分。

3. 干净，少即多

一些人认为高级感、审美力就是堆砌一切自己认为美的东西，越多越好，越繁复越有品位。

举个例子。

在某次活动的现场，一位女生并没有因她华丽的装扮而赢得品位好的赞美，反而因复杂的打扮而引起了人们的窃窃私语。她身着的衣物色彩斑斓，至少有6种颜色交织，而且全身都是名牌标识，佩戴的首饰琳琅满目，耳环、手链、项链等几乎一应俱全且设计夸张。在场众人的第一反应是"她一定很有钱"，而不是"她真有气场"。

这个场景更加让我明白了一个审美误区——越多越好。真正的高级感与审美力，实则是通过"做减法"来体现的。

现代主义建筑师路德维希·密斯·凡德罗（Ludwig Mies Van der Rohe）曾提出著名的设计理念"少即多"，强调简约之美往往更具有吸引力。

举个例子。

乔布斯就是"做减法"的代表。他在产品设计上始终坚持"简单就是美"的理念，并将其贯彻到每一个产品细节中。

从最初的 Mac 电脑到后来的 iPhone 手机和 iPad 平板电脑，苹果产品以简洁的线条、直观的操作界面和精致的设计赢得了全球消费者的喜爱。

乔布斯在产品设计上做的"减法"，不仅去除了冗余的功能和复杂的操作，更让产品回归本质，展现出极致的简约和美感。

苹果产品诠释了"做减法"的艺术。这种艺术给人一种高级感，是一种审美力。

那么，我们应该如何"做减法"呢？

做法并不复杂。你可以从简化妆容做起，选择穿着基础色系的衣物，搭配简约风格的配饰，让整体造型更加简洁纯粹。你也可以通过阅读时尚杂志来汲取灵感，或向专业人士请教如何通过巧妙搭配，使自己的形象更加简约大方，更具气场。

4. 制造视觉焦点

一个东西之所以让你觉得美，很可能是你被它其中的一点吸引了。例如，你觉得一个花瓶很漂亮，很有可能是你被它的花纹或弧度吸引了。言外之意，美的关键因素是制造视觉焦点，强化视觉焦点。

举个例子。

傅莹的《大使衣橱：外交礼仪之旅》中介绍了这样一个小故事。

傅莹走向国际后，开始注重胸针这个配饰。比起其他配饰，胸针更能彰显一个人的气质和气场。但傅莹的女儿告诉她："不能什么胸针都戴，这样就跟没戴一样。你要戴那种有自己特点的胸针。"

她想到，自己特别喜欢小动物，于是就决定将胸针的造型选择限定于动物。

动物胸针就是傅莹的视觉焦点。大家看到动物胸针就能想到傅莹，想到她是怎样一个有气场、有个性的人。

审美不仅仅是一种欣赏，更是一种创造。学会制造视觉焦点，抓住视觉焦点，你就能彰显自己的气场，就能被看见。

不仅在外在形象上，在生活的每一个细节中，你都可以运用制造视觉焦点这个方法。

举个例子。

你正在筹备一场聚会，希望给亲朋好友留下深刻的印象。在这个场景中，你就可以运用视觉焦点。

你可以选择一款色彩鲜明、设计独特的花瓶，插上几枝鲜花，摆放在客厅的显眼位置。当客人走进家门时，这个花瓶就可能成为他们的视觉焦点。

同样地，在餐桌上，你可以选用一套精致的餐具，搭配一块色彩与餐具相呼应的桌布。这样，整个餐桌就会因为这些小小的视觉焦点而不一样，让客人在享受美食的同时，也能感受到你的用心和品位。

只要你善于发现和创造，就能让每一个细节都成为美的焦点，让每一个焦点成为你独特的标签。

一些人的审美之所以总是停留在某个阶段难以突破，很可能是因为日常接触到的美太有限了。当你长时间局限于狭小的审美圈中，怎么可能提升自己的审美力呢？

当我开始主动关注时尚的服装、配饰，用心欣赏那些有创意和美感的设计元素时，我发现自己置身于一个美学世界。长期沉浸在这样的环境中，我的审美力提升了很多。

想要提升审美力，你就必须勇敢地走出舒适区，让自己沉浸在美的世界里。

下面，我为大家分享几个我日常用来提升审美的方法。

多看高审美的电影，让视觉和内心都得到极致的享受。例如《布达佩斯大饭店》《罗马假日》等；多阅读优质杂志，感受精美的版面、图片、模特的穿搭；多逛时尚网站，了解最新的潮流趋势和设计理念。

你的审美力提升了，你就会越来越自信，气场也会越来越强，受到越来越多人的喜欢，生活也会越来越顺利。

发掘兴趣并深度培养

小麦的儿子是个"昆虫大师"，他对昆虫非常感兴趣，总是乐此不疲地投入时间认真研究各类昆虫。

　　每当我们一起去郊外玩时，小麦的儿子总能满载而归，带回各式各样的昆虫，它们斑斓多彩，有翠绿的、金黄的、蔚蓝的、银白的，几乎都是平日里难得一见的品种。

　　后来，小麦一家要迁居到另一个城市。起初，她还担心儿子难以适应新环境。然而，出乎意料的是，她的儿子凭借对昆虫的热爱，迅速结识了同样对此情有独钟的新同学，并顺利融入了新环境。

　　拥有兴趣爱好的人，身上总是散发着热情和创造力。人们总是更倾向于跟这样的人相处和交流。

　　在个人成长的道路上，挑战与机遇并存，我们亟须汲取养分与力量来应对这一切。而在诸多可能的养分中，兴趣爱好无疑是最为理想的选择。它是我们主动挑选的，自然也是贴合自身需求的滋养之源。

　　真正的兴趣爱好能给人带来舒适感、成就感。在日常生活中，兴趣爱好能为个人提供能量。完全投入自己最感兴趣、最喜欢的事，那种忘记时间与空间的状态会出现，这是一种忘我的状态，就在此刻，你能感受到存在的意义。

　　我常说兴趣是气场的灵魂所在。培养兴趣爱好，就是在不断提升自己的气场。

1. 你一定有自己的兴趣

　　我经常听到两种截然不同的声音：一种是"我感觉自己对

任何事都提不起兴趣"；另一种则是"我什么都喜欢，但遗憾的是，没有一样精通"。

在此，我想强调的是，你一定有自己真正感兴趣的事物，只是还没有深入挖掘罢了。

举个例子。

马斯克热爱阅读，尤其爱看科幻小说，这些图书激发了他对太空探索的无限想象。他还自学了编程，并且在年轻时就开始尝试创业。

马斯克在斯坦福大学读了两天的博士课程后决定退学，与弟弟一起创办了 Zip2，这是一家为新闻机构提供在线内容出版软件的公司。后来，他将 Zip2 出售给康柏电脑公司，获得了数千万美元的回报。

之后，他创立了 X.com。这是一家在线银行，后来与电子支付公司 Confinity 合并成为贝宝（PayPal）。PayPal 的成功让马斯克获得了巨大的财富和声誉。

马斯克对电动汽车的兴趣始于他对可持续能源和环保的关注。他看到了电动汽车对于减少温室气体排放和减少化石燃料依赖的重要性。因此，他投资并加入了特斯拉，最终成为该公司的首席执行官和产品架构师。

此外，马斯克对太空探索的兴趣可以追溯到他的童年时期。他创立了 SpaceX，目的是降低太空探索的成本并推动人类移民火星。SpaceX 已经多次成功发射了火箭，并将宇航员送入国际空间站。

挖掘兴趣的途径多种多样。你可以通过阅读跨领域的图书、观看电影，或者参与跨领域的交流与学习，来发现自己感兴趣的事情。

当然，你也可以直接向身边的朋友、家人或同事寻求建议与看法。他们或许比你自己更了解你，更能洞察你的兴趣所在及潜在优势。

2. 兴趣的深度决定你的成就高度

你对兴趣的探索与投入的深度，将在很大程度上决定你的人生所能达到的高度。

举个例子。

赵修复是我国当代著名的蜻蜓和寄生蜂分类学家。小时候，他经常和村里的孩子们到野外玩，特别喜欢各种虫子。

一次偶然的机会，赵修复观察到昆虫筑巢，他对这个行为非常感兴趣，并决定长大后要研究它们。

进入学校后，赵修复更是全身心投入昆虫研究中。他常常趴在地上，观察蚂蚁搬家、蜻蜓点水、蝴蝶飞舞，每一个细节都不放过。他的兴趣，早已从简单的喜爱变成了对昆虫世界的深度探索。后来，他通过系统的学习和研究，将兴趣转化为学术成果。

最后，他成了我国当代著名的蜻蜓和寄生蜂分类学家，为昆虫学的发展做出了巨大贡献。

深入培养兴趣需要你投入时间、寻求挑战并积极分享交流。

投入时间，意味着你要花费大量的时间和精力去钻研、学习与兴趣相关的知识。你需要保持对兴趣的好奇心，主动寻找和学习相关的图书、课程、网络资源等，不断完善自己的知识体系。

理论学习固然重要，但实践操作才是兴趣的催化剂。通过亲自动手，你能更深刻地理解所学的知识，发现其中的乐趣与挑战，从而持续保持对兴趣的热情。

为了激发兴趣的潜能，你可以根据自己的兴趣和实际情况，设定具有挑战性的目标。无论是提升技能、创作作品，还是参与比赛并争取获奖，每达成一个目标，都将带给你成长的喜悦和成就感，进一步激发你对兴趣的热情和投入。

同时，与他人分享你的经验和成果也至关重要。这不仅能让你获得宝贵的反馈和建议，还能让你结识更多志同道合的朋友，共同在兴趣的道路上携手前行。

在深度培养兴趣的路途中，专注与坚持是通往成功的关键。

3. 培养一个"成长型爱好"

在谈及兴趣爱好时，有人可能会无奈地表示："我好像对什么都不太感兴趣，也没有什么特别的爱好。"有人会觉得"培养一个新的兴趣爱好，听起来就像一项艰巨的任务，难以开始"。对于有这类疑虑和困惑的人，我真诚地建议，不妨尝试培养一个成长型爱好。

所谓成长型爱好，是指那些能够推动我们不断进步、促使自我提升的爱好。在培养爱好的过程中，我们不仅能够找到属于自己的那份独特的乐趣和成就感，还能通过不断地突破自我，解锁更多未知的潜能和可能性。

从现在开始，不妨多花些心思去挖掘自己内心深处的喜好，尝试培养几个能提升自我的爱好，为生活增添乐趣。或许，在不久的将来，你会惊喜地发现，这些曾经的爱好已经悄然蜕变为你的特长，成为你人生道路上的一抹亮色。

在选择成长型爱好时，你可以根据自己的兴趣和实际情况进行多样化尝试。例如，在运动类爱好中，你可以选择跑步、游泳等，这些活动不仅能够强健体魄，还能培养坚韧的精神品质；在个人成长类爱好中，阅读、看电影、学摄影等都是不错的选择，它们能够拓宽你的视野，丰富你的内心世界；在创造类爱好中，写作、拍短视频等更是能够激发你的创造力，让你的思维更加活跃。

记住，爱好是滋养自己、取悦自己、提升自己的最佳方式。它们不需要多么高端，只要是你感兴趣的，你都可以用心培养并坚持下去。在这个过程中，你不要给自己太大的压力，只管享受每一个成长的瞬间。

相信在不久的将来，你会遇见那个更加专业、更加耀眼、更加出色的自己，从而迈向更高的人生维度，成就非凡的事业。

第 5 章

识伯乐：

遇见人生伯乐的 4 项修炼

遇见伯乐，不是运气，
而是你持续努力的结果。

伯乐不是等来的，
而是主动链接来的。

发现伯乐的关键，
在于你是否足够优秀且
值得被看见。

只有真实的你，
才能打动真实的人。

遇见伯乐不是终点，
而是你向上攀登的起点。

遇伯乐是一种可习得的能力

伯乐究竟是谁？

伯乐是指那些能够引领你突破人生局限的人。他们能看见你身上的闪光点和价值，乐于主动伸出援手，为你提供宝贵的资源，全心全意地扶持你、培养你。

可以说，当伯乐出现在你的生命中时，便预示着你拥有了更多实现自我价值、跨越人生阶层的宝贵机会。

举个例子。

李书福是吉利汽车集团的创始人兼董事长。在吉利汽车的发展过程中，他遇到了一位重要的伯乐——瑞典沃尔沃汽车的前首席执行官汉斯－奥洛夫·奥尔森（Hans-Olov Olsson）。奥洛夫非常欣赏李书福的才华，主动帮助他链接资源。在他的引荐和帮助下，李书福成功收购了沃尔沃汽车，并借此机会实现了吉利汽车的国际化战略。

沃尔沃汽车的加入不仅为吉利汽车带来了先进的技术和管理经验，还提升了其在国际市场上的品牌影响力和竞争力。

或许有人会觉得遇见伯乐全凭机缘巧合。然而，事实并非如此简单。遇见伯乐，是一种可以修炼与掌握的能力。

再以李书福与奥尔森的相遇为例。

李书福与奥尔森的相识并非偶然，而是李书福主动出击、积极展现自我的结果。

李书福明白，要在国际汽车的竞技场上占有一席之地，就必须与全球知名品牌建立合作关系。因此，他积极寻求与沃尔沃汽车的接触机会，多次向沃尔沃汽车表达合作意愿。

在一次国际汽车展览会上，李书福终于迎来了与奥尔森的面对面交流。他充分展示了吉利汽车的实力和发展潜力，同时表达了对沃尔沃汽车的尊重和敬意。奥尔森对李书福的才华和决心表示赞赏，并看到了吉利汽车在国际市场上的巨大潜力。

遇见伯乐，不应被动等待，而应主动追寻。在遇见伯乐之前，你首先要学会做自己生命中的伯乐，跑出千里马的姿态。

1. 做自己的伯乐，跑出千里马的姿态

"世有伯乐，然后有千里马。"

上面这句话广为人知，以至于很多人常陷入一种认知误区，认为"如果没有伯乐发掘，我便无法成为千里马""必须

伯乐先一步慧眼识珠，我的才华才能得以展现，进而成为众人瞩目的千里马"。

但是，如果你深入思考，就会发现"世有伯乐，而后有千里马"这个命题本身就不符合常规逻辑。

存在决定意识。伯乐能辨识千里马，必然建立在千里马已然存在的基础之上。伯乐通过长期的观察与实践，从众多马匹中总结出识别千里马的经验与技巧。

因此，并非伯乐先于千里马出现，反而很可能是千里马早已存在，之后有的伯乐。或者说，伯乐与千里马是同时共存的。

无论如何，你必须先让自己成为一匹千里马。否则，即便伯乐就在眼前，你又能如何？即便伯乐看见你，你也不过是一匹普通的马。更残酷的是，你或许会因尚未成为千里马，而被伯乐直接忽视，与其赏识栽培无缘。

有句话说得很好："为自己，千千万万遍。"在等待伯乐出现之前，你应先成为自己的伯乐，让自己成为一匹能够吸引伯乐目光的千里马。

不同行业、不同领域，对千里马的要求各不相同。你需根据自己所处的行业特点，结合自身的优势与特色，精心打造属于自己的千里马形象。

举个例子。

乔布斯在年轻时对计算机技术和设计非常感兴趣，并在这两个领域进行了深入的学习和实践。在创办苹果公司之前，他就和沃兹尼亚克一起开发了一款个人计算机原型机，这足以证明他对技术的独到见解和对市场的敏锐嗅觉。

后来，他创办苹果公司，取得了很大的成功。这个成功不仅体现在他推出了众多革命性的产品，更在于他重塑了人们对科技产品的认知和期待。

乔布斯的成功吸引了众多投资者的关注。在苹果公司的发展过程中，他得到了多位伯乐的帮助和支持，包括风险投资家迈克·马克库拉（Mike Markkula）等。这些伯乐不仅为乔布斯提供了资金支持，还在管理、战略和人际关系等方面给予了乔布斯重要的建议和指导。

千里马已备，伯乐何愁不来？

当你展现出千里马的潜力和姿态时，其实你已经掌握了遇见伯乐的大部分主动权。剩下的就交给时间，相信它自有安排。

2. 雷达全开，寻找那个比你更懂你的伯乐

有时候，别人看你，比你看自己更清楚；有时候，别人甚至比你更了解你的潜能所在。找到这样的人，意味着你的那些被忽视的优势和特点将被发掘，你的能力将被看见，从而收获更多的机遇。

伯乐就是这个人。

举个例子。

毕业后，我的第一份工作是在一家出版社担任编辑，

并兼任社长助理。那时，我的工作非常繁忙，但每天仍然干劲满满，我觉得这些工作都是我学习成长的大好机会。特别是能够近距离向优秀的人学习，对我来说是极为宝贵的经历。

我工作努力且好问好学，社长很欣赏我，入职不久，他便带着我参加了一场出版社合作交流会，并向多位出版社社长介绍了我。社长们对我这个初出茅庐的大学生能参与这样的大型活动感到惊讶。

经过一段时间的考察，社长建议我转岗到版权部门，他认为我擅长人际交往且英语不错，适合处理对外事务。于是，我转岗到版权部门担任版权经理，负责对接海外客户，引进海外原版书籍，并推广本土的原创书籍到海外市场。

随后，社长在参加伦敦国际书展时也带上了我，我身兼版权经理、翻译及助理数职。由于表现出色，回国后，我全面负责出版社的国际版权工作，与各国出版社建立联系。至此，我彻底告别了编辑岗位，专注于版权经理的工作。

在版权经理的岗位上，我不断取得进步，两年后协助社长在英国伦敦成立了分社，推广了很多国内图书，并成功引进了很多国外书籍的版权。

在此之前，我或许曾认为自己是最了解自己的人。但经历这一切后，我深刻体会到"当局者迷，旁观者清"的道理。我的上级比我更能洞察我的潜力，他发现了我在社交方面的天赋，正是他挖掘了我的这份潜力，才让我在职业生涯中不断向上。

我的上级是我职业生涯中的第一位伯乐，他激发了我向上的动力。我衷心希望你们也能培养识别伯乐的能力，主动寻找并珍惜这样的"贵人"。

等风来，不如追风去！

发现你身边的伯乐

我有一个问题想问大家：在一般情况下，是千里马更主动，还是伯乐更主动？

答案无疑是千里马更加主动。

古语有云："千里马常有，而伯乐不常有。"在一个千里马辈出的时代，如果你不主动寻找伯乐，伯乐又怎么能及时发现你呢？

为了被伯乐看见，千里马需要不断在伯乐面前展示自己的才华与能力。只有这样，伯乐才能注意到你，才能发掘你、培养你，你也才能因此获得更多的发展机会。

举个例子。

F 是一位大学毕业生，他曾参加一个前沿的学术讲座。在讲座上，一位来自某知名科技公司领导热情地分享了对未来编程趋势的独到见解。F 深受启发，内心感叹："如果能有机会跟随他学习，那该是多么棒的事情啊！"

F 深知，遇见如此优秀的人非常难得，不能只满足于简单的遇见和默默的敬仰，自己必须主动出击，去寻找机会与伯乐建立联系。

讲座结束后，F 主动走向那位知名科技公司领导，向他进行了自我介绍，表达了自己对编程的热爱和对领导见解的赞同，同时展示了自己在这方面的成就。他还向领导请教了关于未来编程技术发展的相关问题，领导耐心地给予了详尽的解答，并提出了许多宝贵的建议。

通过这次交流，F 不仅赢得了知名科技公司领导的认可和指导，还与之建立了深厚的联系。之后，双方一直保持着密切联系，相互的了解不断加深。这位公司领导通过F 的社交平台和个人表现，发现 F 确实是一个难得的人才。在这位公司领导的推荐下，F 获得了进入那家知名科技公司实习的机会，并在实习期间凭借其出色的编程能力和团队合作精神，成功被公司正式录用。

学会发现伯乐，这不只是一种能力，更是一种态度，是对机遇的敏锐感知和对向上人生的积极追求。培养这种能力和态度需要你把以下两种意识刻在基因里。

1. 伯乐随时会出现

"伯乐"并没有一个准确的定义，任何一位能洞察你的才华，并帮助你不断向上的人，都可以被称为"伯乐"。

因此，伯乐一直存在，而且随时可能出现。

举个例子。

一位大学生非常擅长打篮球，但他的妈妈总说："供他上大学已经不容易了，哪还有闲钱给他请专业教练呢？"

某天，正当身边的人都为这位"篮球之星"感到惋惜时，她的妈妈非常兴奋地告诉朋友，他们遇到了一位很好的体育老师。这位体育老师说孩子有打篮球的天赋，并决定亲自指导他。他不仅免费为孩子训练，还帮他争取到了篮球俱乐部的试训机会。就这样，这位大学生顺利加入了俱乐部，踏上了专业的篮球之路。

再举个例子。

我们社群中的一个还在读书的女孩，资历和经验相对较浅，因此在社群中表现得比较胆怯，不太敢于表达自我。

然而，在一次线下活动中，我意外发现，这个女孩对中国传统艺术非常感兴趣，尤其擅长制作簪子且作品特别精致。她赠送了我一枚宛如簪花的簪子，其造型非常独特，令人眼前一亮。我非常欣赏她的这种动手能力，鼓励她向大家多多分享自己的作品。

她将簪子送给了一些闺密们，这在闺密群中引起了热烈的反响，大家都对她的才华赞不绝口。

"这是一六（她的昵称）送的发簪，仿佛带着古代宫廷的气息。"

"简直太美了，能帮我定制一个吗？我想送给朋友。"

"这么美的簪子，开个网店去卖肯定能火！"

受到鼓舞的她，毕业后真的开设了网店。网店生意异常火爆，收入甚至远超她当时从事的主业收入。

可以说，社群的闺密们就是她的伯乐，为她指引了前行的方向。

你看，伯乐无处不在。在这个充满奇迹的世界里，你的伯乐可能会以任何意想不到的方式出现——他们可能是传道授业的老师，也可能是与你分享日常点滴的朋友；可能是与你并肩作战的同事，也可能是给予你悉心指导的上司……

因此，请保持一颗开放的心，珍视每一次相遇。那个能够引领你不断向上的伯乐，或许就潜伏在你的身边，等待着你去发现。

2. 伯乐有自己的光芒

伯乐通常具备突出的特点，这些特点使他们在人群中发光。

伯乐有极高的专注力和热情，他们会花大量的时间和精力，全身心地投入发掘潜力人才或优质项目中。这种专注力和热情使他们能够发现那些隐藏在人群中的千里马。

举个例子。

一位音乐制作人会对新兴的音乐人产生兴趣，并花费大量时间跟他交流和讨论音乐创作，甚至亲自参与其音乐作品的制作。

伯乐往往具备敏锐的洞察力，能够捕捉到人才或项目的潜力。

举个例子。

一位风险投资家会在听一个初创公司的演示时，敏锐地察觉到这家公司的产品或服务的市场潜力，从而决定是否投资这家公司。

伯乐会认真倾听你的想法和观点，并且尊重你的意见。他们不会急于表达自己的看法，而是给你充分的关注和支持，帮助你发掘自己的潜力。

举个例子。

一位导师在与学生的交流中，会耐心倾听学生的想法和困惑，并给予积极的反馈和建议。他尊重学生的选择和决定，鼓励学生独立思考和成长。

伯乐愿意分享自己的知识和经验，为你提供宝贵的建议和指导，帮助你实现自己的目标。

举个例子。

一位成功的创业者可能会向初创公司分享自己的创业经验和心得，为他们提供战略规划和市场分析等方面的指导。

你要坚信，每个人生命中都会遇到自己的伯乐。但同时，你也要明白，人在一生中并不需要太多伯乐，两三个足够。你的任务是积极寻找生命中可能出现的伯乐。

找到你和伯乐之间的那根线

主动送上门的机遇少之又少。更何况，当伯乐出现时，他的身边总会围着各种才华横溢的千里马。因此，你要找到你和伯乐之间的那根线，主动出击，创造机会，与伯乐建立联系。

寻找伯乐不是在街头巷尾盲目地制造偶遇，要想真正与伯乐建立联系，你就要先了解伯乐，再以恰当的方式链接伯乐。

当你真的努力制造机会，去遇见伯乐、寻找伯乐、链接伯乐时，你就会发现，机会总是留给有准备的人的。

1. 别胆怯，契机就藏在你的关注里

如何快速找到你和伯乐之间的那根线？答案是：关注伯乐，了解伯乐。

在网络信息高度发达的时代，要了解一个人，我们通常可以先在网络上搜索对方的相关信息，比如查看其是否开通社交账号。通过电子屏幕，你就能跨越时间和空间的界限，走进那些你欣赏、崇拜的伯乐们的世界。

伯乐们在社交平台上的每一次更新和分享，都是他们真实生活的一部分，都是你了解伯乐们的机会。

　　当然，要想更全面地了解伯乐，你不能仅通过社交平台。一些专业访谈、行业新闻、人物传记，都是深度了解伯乐们的宝贵资源。通过阅读这些资料，你能更全面地了解他们的成长经历、思想观点、行业见解。

　　深入了解伯乐，你不仅能感受到他们的智慧和魅力，提升自己，更能在遇见伯乐时，有链接他们的话题。

　　举个例子。

　　　　如果伯乐是一位科技人才，那么他们可能对于新技术、创新等话题特别感兴趣。了解这一点后，你就可以在交谈中提及相关的科技进展或创新理念，从而引发他们的共鸣；如果伯乐在某个项目中取得了重大突破，那么在交谈时提及这个项目并表达对他们的敬佩，就能迅速拉近你与伯乐之间的距离；如果伯乐喜欢旅行，那么你可以在交谈中分享自己的旅行经历，或者讨论某个令人难忘的旅行目的地。

　　或许，"了解伯乐"这件事还有另外一个走向——当你满怀期待地关注并深入了解伯乐后，发现他并非你心中期待的样子。这时候，不必沮丧，这正是你去找到那个更懂你、更能激发你潜能的伯乐的机会。

　　不要总是抱怨链接伯乐很难。在你感叹命运不公时，不妨先问问自己：我关注他们了吗？

2. 别犹豫，"打直球"吧

　　别胆怯，别害羞，大胆伸出手去，主动链接你的伯乐。

你需要像个侦探一样，摸清那些潜在伯乐在何处"出没"：他们是否常在小红书上分享多彩生活？是否在微博上发表独到见解？又或是在抖音上记录生活和工作的点滴？找到他们活跃的社交平台，就等于找到了与他们互动的窗口。

在进行互动之前，你要先写好自己的数字名片——个人资料和简介。

举个例子。

"中国传媒大学硕士，爆款综艺节目制片人；"向上研修院"创始人／职场畅销课'向上社交'；带领中国万千新中产女性精神向上、思想向上、生活向上！"

这是我在某个自媒体平台上的个人简介。别人看到我的账号简介，就知道我是谁、是做什么工作的。初步了解是建立深入联系的关键前提。

你的个人资料是你的数字形象代言人，它既要展现出你的专业素养，又要凸显出你的个性魅力。在填写个人资料和简介时，你一定要深入挖掘自己的成就和特长，让伯乐在浏览你的资料时，能一眼看到你的闪光点。

万事俱备后，就要为伯乐送上一份精心准备的"见面礼"了。这份"见面礼"不是昂贵的礼物，而是一条简短而真诚的私信或信息。你可以表达对伯乐成就的赞美，对某个观点的认同，或者简单地表达合作意愿。记得，真诚和礼貌是通往成功的敲门砖。

举个例子。

"您好，我是××，是一名热爱设计的设计师。在您的作品集中，我深受启发。希望有机会向您学习，如果我可以为您的项目贡献绵薄之力，也是我的荣幸。期待您的指导和回复。"

在线上，"直球"是一条评论或一条私信；而在线下，"直球"则是你去现场参加活动。

线上和线下的两手准备，让你跟伯乐之间的链接更高效。

你不妨勇敢地去参加那些行业活动或研讨会。这不是简单的交流，而是你绽放才华、展现潜力的绝佳舞台。你的每一个观点、每一个想法，都将通过你的言语和行动，直接传递给那些能助你驰骋千里的伯乐。

当然，想要在这场盛宴中脱颖而出，你还要花一些"小心思"。你要知道哪些大型、热门活动在何地举办，还要筛选哪些活动值得自己参加。因此，你要密切关注行业内的各种动态和详情，特别是那些伯乐可能会出席的盛会，这样你就能在第一时间做好准备。

在参加活动前，你要花时间精心准备自我介绍和作品展示，确保在交流中，你能清晰、有条理地表达自己的观点和想法。

活动现场，就是你展现真正魅力的地方。不要害羞，不要犹豫，主动寻找那些可能对你产生兴趣的伯乐。你要大方地与他们进行面对面的交流，勇敢地展示自己的才华和潜力。同时，别忘了表达你诚挚的合作意愿，让伯乐看到你的决心和诚意。

在人生这场精彩的冒险中，除了自己要勇往直前，还可以巧妙借力。

举个例子。

宋朝时期，有个叫秦观的读书人，他深感仅凭埋首书卷难以在仕途上崭露头角。他明白，要想出人头地，必须得到他人的赏识与推荐。因此，他怀揣着对文坛巨匠苏东坡的敬仰之情，决心拜其为师。然而，秦观深知自己仅是一个落榜的秀才，想要接近苏东坡这样的名人，简直难如登天。

不过，机遇往往青睐有准备的人。

不久，秦观得知苏东坡即将造访扬州，心中便生出了一个计划。他拜托两位与苏东坡交情深厚的老朋友，为他写一封引荐信，向苏东坡推荐自己的诗文。一切准备妥当后，秦观先行一步，抵达了苏东坡即将踏足的寺庙。他模仿苏东坡的豪放笔触，在寺庙的墙壁上挥毫泼墨，留下了自己的字迹。

不出所料，当苏东坡踏入寺庙，看到墙壁上的字迹时，不禁为之震惊，仿佛看到了自己年轻时的影子。随后，他读到了秦观的诗文，更加确信了自己的判断——"向书壁者，岂此郎也"（在墙壁上写字的，肯定是这个人）。

秦观手持引荐信，带着自己的得意之作《黄楼赋》出现在苏东坡面前，苏东坡读后不禁连连称赞，欣然接纳他为弟子。自此，秦观正式拜入苏东坡门下，成了"苏门四学士"之一，开启了自己辉煌的文学之路。

在追求成功的道路上，你既要注重自身的努力和能力提升，也要学会借力而行。你要善于发现和利用身边的资源，让自己的才华得到更好的展现和发挥。

那么，如何巧妙借力呢？先找到那个可以借力的人。

你可以通过社交网络或人际关系，寻找与伯乐有共同联系的人。他们可能是你的老朋友、前同事，也可能是你新认识的朋友。一旦找到这些共同联系人，你就找到了链接伯乐的那根线的线头。

接下来，你要向这些共同联系人表达你的想法，并诚恳地请求他们为你引荐伯乐。

获得引荐之后，你一定要及时向那些共同联系人表达感激之情。正是有了引荐人的助力，你才得以踏出走向伯乐的重要一步。

尤为关键的是，一旦引荐人促成你与伯乐的相识，你应积极主动地与伯乐建立并维持联系，充分展现你的能力和价值。你可以利用邮件、电话或面对面的交流机会，与伯乐深入探讨你的见解及人生规划。

人与人之间都有着微妙的联系，发现并握紧那条链接你与伯乐的线，你便能找到指引你前行的"贵人"。

真诚才是最重要的

不少人曾问我："为什么你那么幸运，能遇到那么多赏识你的伯乐呢？"

面对这样的询问，我也会扪心自问："是啊，我究竟凭什么总能遇到如此优秀的伯乐，并与他们相知相交，维系着长久的关系呢？"

所有令人舒服的人际关系都有一个特点：真诚。在伯乐面前，我不会耍什么花招，而是用真诚的心去跟他们相处。

相较于那些所谓的"高情商技巧"，真诚才是人际交往中最无坚不摧的力量。你以真心待人，他人也会以真心回馈你；如果你虚伪敷衍，他人大概率也会对你报以同样的态度。任何虚伪与圆滑都经不起时间的推敲，只有真诚与真情才能在岁月的洗礼中熠熠生辉。

正所谓"心诚交善友，品正遇贵人"。

无论是对待身边的人还是对待伯乐，你都应该保持真诚的态度。这些人不是短暂的过客，而是可以陪伴我们一生的好友。

与伯乐真诚相处其实是一门艺术。如何修好这门艺术呢？

我分享两个关键点。一是，保持一颗平常心，不要过于放低自己的姿态，真正的伯乐更欣赏平等和真实的交流；二是，用真心相交，通过持续的努力和投入，与伯乐建立起长久而稳固的联系。

1. 保持平常心，以平等视角和伯乐相交

面对伯乐这样的杰出人物，你可能会心生敬畏，觉得：

"如此厉害的人物，我恐怕不敢轻易跟他说话。"

"伯乐学识渊博，似乎我在他面前说什么都会显得浅薄。"

"我甚至不敢直视伯乐的眼睛。"

在与伯乐相处时，一定要避免一个认知误区——将伯乐视为遥不可及的存在。

这种过度的神化只会让你在与伯乐交往时显得拘谨和不自在。在这样的心态下，你如何展现真实的自我，又如何能让伯乐看到你的闪光点呢？伯乐又怎会愿意与这样一个拘谨的你保持长久的联系呢？

其实，不必害怕！虽然伯乐凭借丰富的经验和独到的见解在各自的领域内取得了卓越成就，但这并不意味着他们完美无缺。他们也会失误，也有不足之处。

你无须过分谦卑，不必将自己置于卑微的地位而将伯乐捧得过高。当然，你也不能傲慢无礼、轻视伯乐。

与伯乐交流，只需保持平等与尊重，便已足够。

2. 投入真情真心，以长久姿态与伯乐相处

不要仅仅因为伯乐只在某一阶段能够帮助你，便事后不再联系。一个优秀的伯乐，往往能成为你一生的导师，为你指引方向。因此，要真心地与伯乐建立长久联系。

在这里我分享 6 个与伯乐建立长久联系的方法。

方法一：欣赏。真诚地表达对伯乐才华、人格魅力或成就的欣赏之情。例如，在恰当的场合下，你可以由衷地说："您上次分享的那个项目策划真是太精彩了，我从中获益匪浅。"这样的赞美，能让伯乐感受到你的尊重和认可。

方法二：分享。将你的生活趣事、工作心得或学习成果与伯乐分享，让他感受到你成长的喜悦。例如，你圆满完成了一个重要项目，不妨向伯乐汇报成果，听听他的意见和建议。这种分享不仅能增进彼此的了解，还能激发新的灵感。

方法三：陪伴。在伯乐需要时，给予他陪伴和支持。例如，当你注意到伯乐在社交媒体上流露出低落情绪时，不妨主动发去一条关怀的信息，或者邀请他一起参加一个轻松的活动，让他感受到你的温暖和关怀。有时候，一次真挚的倾听，一句贴心的话语，就足以温暖人心。

方法四：推荐。将你发现的美食、娱乐、美景或行业机会推荐给伯乐，让他感受到你的用心和热情。例如，你发现了一家口碑极好的餐厅，不妨邀请伯乐一起去品尝；或者，你了解到一个新兴的行业趋势，可以与伯乐分享，共同探讨其中的机遇和挑战。

方法五：支持或指导。在伯乐需要时，你要提供策略性支持、信息支持或情感支持。例如，伯乐计划举办一场活动，而你恰好拥有相关的资源或能力，那么不妨在力所能及的范围内给予他帮助。你可以帮忙策划活动流程、联系场地或邀请嘉宾。这样的支持，无疑会为伯乐增添一份力量和信心，也会加深你们之间的友谊。

方法六：保护。在伯乐遇到误解或攻击时，勇敢地站出来为他辩护，维护他的声誉和利益。例如，如果有人在社交媒体上对伯乐进行不实的指责或诋毁，你可以通过私信或公开评论的方式，澄清事实真相，表达你的立场和支持。这种保护行为，能够彰显你的忠诚和担当，也会让伯乐更加珍惜与你的关系。

人与人的相处，以真心为底线才能长久。

即便伯乐不再直接在你的职业生涯中扮演关键角色，你们的这段情谊也值得你持续呵护与维系。这种维系无须刻意追求频繁的电话、邮件或社交媒体互动。它可能只是日常朋友圈的点赞和评论，或在一些重要节日时的见面与温馨问候。

这些看似细微的举动，实则蕴含着你对这份情谊的珍视与延续。

电影《触不可及》里有一句经典台词："其实很多时候，你并不需要做什么，真诚即可。"在人际交往中，真诚永远可贵，与伯乐交往如此，与所有人交往都应当如此。

那些比你出色的人，往往心思也更缜密、细腻。他们站在思维的上层，对与我们交往中的每一个细节都洞若观火。在这样的世界里，真诚就是一张无法被复制的底牌，它的价值无可估量。

第 6 章

借势能：
释放资源价值的 4 个法则

借势不是投机，
而是资源的智慧整合。

帮助他人，也是成全自己。

学会借势，
才能让自己走得更远。

借力、使力、不费力，
是借势能的最高境界。

全面调动资源优势，
是实现自我提升的必经之路。

全面调动资源优势

君子性非异也，善假于物也。

聪明人并不是生来就与众不同的，他们只是懂得全面调动自己的资源，巧妙地借助外力，让自己走得更远。

如果你想全力以赴去做一件事情，就别再单打独斗，要想尽办法调动资源、用尽资源。

举个例子。

比尔·盖茨（Bill Gates）除了对技术的洞察非常敏锐，更重要的是他懂得如何全面调动资源，为微软的发展提供源源不断的动力。

比尔·盖茨与保罗·艾伦（Paul Allen）和史蒂夫·鲍尔默（Steve Ballmer）的合作，不仅铸就了微软的技术基石，更构建了一个人际关系与财富的共享网络。这些合作伙伴的人际财富，就像一条条无形的纽带，将微软与全球各地的合作伙伴紧密相连，为微软的市场拓展和技术合作提供了坚实的后盾。

随着微软全球扩张的步伐不断加快，一些市场成了微软必须攻克的难关。比如日本市场，这个曾令许多企业望而却步的市场，对微软来说也是一块难以啃下的硬骨头。然而，比尔·盖茨凭借在日本的好友彦西的助力，打开了一扇通往成功的大门。彦西不仅为微软提供了丰富的市场信息和商业机会，更在关键时刻给予了微软关键的帮助。在他的助力下，微软顺利打开了日本市场，为后续的全球扩张铺平了道路。

比尔·盖茨还深知人才的重要性，他通过自己的"人际账户"，在全球范围内寻找并吸引了大量的优秀人才加入微软。这些人才不仅具备卓越的技术能力，更拥有创新的思维和广阔的视野。他们为微软的技术创新和市场拓展提供了源源不断的动力，使得微软能够在激烈的竞争中保持领先地位。

世界上的人可以大致分为两种。

第一种人，把自己看作单一资源，仅仅服务于自己所在的单位、团队。这些人就像被命运束缚的陀螺，只知旋转而不知方向。

第二种人，不仅将自身视为资源，更会把自己看作调用资源的人。他们懂得如何调动和整合周围的资源，成就自己，助推自己向上。

比尔·盖茨就是第二种人，而且是第二种人中的佼佼者。其实我们熟知的很多科技奇才都是人际交往的高手，比如扎克伯格、马斯克，他们不仅在专业领域非常精通，也非常善于积累和经营他们的"人际账户"。

不要让资源在你的"人际账户"里沉睡，是时候唤醒它们了，调动你的"千军万马"，去成为那个更好的自己吧。

如何唤醒这些资源？答案是：先盘点，再盘活。

1. 盘点"人际账户"：我有多少资源

每当遇到挑战，总会有人说："我做得不好是因为我在这方面没有资源。"

我通常会反问一句："你盘点你的资源了吗？"或者"你是不是真的没有资源可以用？"

很多时候不是你没有资源，而是你不知道自己还有这些资源。

举一个非常经典的案例。

一个男孩在院里搬一块很大的石头，费了很大的劲也搬不动。他的爸爸在旁边鼓励他，但小男孩仍然搬不动。

小男孩最后还是放弃了，他非常沮丧地说："我已经尽全力了，但是我做不到。"

他的爸爸一边微笑一边摇头说："你并没有尽全力，你还没有找我帮忙。"

一个很好的资源就摆在眼前，但男孩没有意识到，更谈不上调动资源。这就是一些人在生活中常犯的错误——忽略了自己拥有的资源。

请你立刻开始盘点你的资源，了解自己的现状，知道自己手握哪些资源。在盘点资源时，我们不仅要关注那些我们认识的"大人物"和"人际账户"里的人际财富，更要重视那些近在咫尺的资源。根据邓巴理论，一个人能稳定维持的社交关系人数是有限的，为 150 人左右（"邓巴数"）。这意味着，在你的社交圈内，有着丰富的潜在资源等待你去发掘和利用。你的伯乐、你的学历背景、你工作的公司、你的同学、同事，甚至你的父母和亲友，都是你的宝贵资源。

举个例子。

当我在直播间跟大家分享女性成长、人际交往的内容时，我会非常自豪地告诉大家我毕业于中国传媒大学。中国传媒大学不只是我学历的背书，更是我资源的一部分。它让我在专业领域拥有更多的权威性和可信度，同时也让我打开了一些新的人际关系。

不要狭隘地定义"资源"。它可以是人，可以是物，也可以是你的经历、知识、技能……只要它能助你一臂之力，它就是你的资源。

在盘点资源时，你可以尝试一些技巧，例如，列出你所认识的各个领域的关键人物，分析他们可能为你提供的帮助或资源；或者思考一下，在你遇到困难时，哪些人会愿意伸出援手。同时，也要关注那些看似不起眼但实则潜力巨大的资源，比如你的专业技能、工作经验、个人品牌等。

认真盘点，你会发现，你拥有的资源远比你想象的还要多。

2. 盘活资源：团结一切可以团结的力量

盘点资源的目的是盘活资源。

你不能只简单地数一数你认识多少人，获得了哪些成绩和成就。比这更重要的是，你要去思考如何盘活这些资源，为自己创造更多可能，成为更好的自己。

我发现很多人都像坐在宝藏箱上的"乞丐"，明明手握很多资源，却还是天天抱怨"生活很苦""工作很难""成功的机会很渺茫"……一直困在这些负能量里。

当然，还有这样一群人，他们手中的资源同样丰富，不过他们的做法不同。他们非常自信，而且会积极调动资源。但是，当他们真正开始行动时，可能会发现事情并不像他们想象得那么简单。他们没办法调动自己手里的资源，或者这些资源并不能发挥出自己期望的作用。

以上两类人面临的本质问题是：有资源，但不知道怎么盘活。

盘活资源，绝不是简单地给那些你认为很厉害、很优秀的人发送信息，那不过是表面的联系，真正的盘活资源，是让你拥有的一切资源成为你前进的助推器，助你跨越每一个难关。

这背后需要的是"搞事情思维"。

"搞事情思维"是指将人和事串联到一起的思维方式。大部分人都在躲事情，但是你得去做那个"搞事情"的人。你是那个"搞事情"的人,你也会是那个把事情搞起来的人。在"搞事情"的过程中,人与人之间、人与事之间的化学反应就产生了,机会就产生了。

举个例子。

我有一个朋友从事房地产行业。她的房产策划能力很强,经验也很丰富,在行业内有一定的名气。但是,随着市场的变动,她失业了。失业后她又面临一个严重的问题——空有一身专业本领,找不到工作。

问题出在哪里呢?

经过反复思考,她发现自己的问题是缺乏"搞事情思维"。她没有利用好自己手里的资源,没有将自己的专业能力与当下的风口结合。

于是,她开始尝试用"搞事情思维"重新审视、调动自己的资源。她发现,自己的房地产策划经验完全可以转化为在其他领域做策略规划。

随着城市化进程的加速和大家对生活品质的更多追求,社区服务和配套设施的完善成了新的市场热点。她意识到,这正是她大展拳脚的好时机。她开始积极寻找与社区服务相关的合作伙伴和项目。她利用自己的人际财富,与有关部门、社区组织和企业建立了广泛的联系。

通过不断地沟通和协商,她成功地将自己的资源与新的市场机遇相结合,为社区服务项目提供了专业的策划和咨询服务。

如今，她已经成为社区服务领域的优秀人才，重新找回了自己的舞台。

"搞事情思维"的核心在于，它要求你具备一种超越传统、跨领域思考的能力，能够敏锐地捕捉到不同资源之间的内在联系和潜在价值。它鼓励你跳出固有的框架，打破思维的桎梏，以全新的视角审视和利用资源。

资源本身并没有生命，但人的运用却能让它们焕发活力。有些资源，如果不加以利用，就如同废铁一般；而一旦落入有心人之手，便能被盘活成项目、机会和成长的阶梯。

资源的力量，完全取决于你如何运用资源。只有活用资源，才能拾级而上，不断攀登新的高峰。

帮助他人也是在成全自己

借势之道，是互助共赢。

举个例子。

博主 C 看到另一位博主 D 的内容非常火，于是就心血来潮，直接照搬博主 D 的内容发布在自己的社交账号上。但群众的眼睛是雪亮的，大家纷纷在博主 C 发布的内容下指责他的抄袭行为。然而，面对指责，博主 C 还振振有词："我这是在借势，借热度。"

这种低质量的借势行为，直白地说就是抄袭、盗窃。这不仅违背了平台的公平原则，更是对原创精神的极大不尊重。这种"借势"不仅不会让你成功，反而会毁掉你辛苦打造的个人IP，让你之前所有的努力都白费。

那么，高质量的借势是什么样的呢？

有些博主是这样做的：她们引用博主C在某自媒体上的观点，并大方地告诉大家"这个观点来自博主C，我特别赞同他的观点！这个观点，也激发了我的进一步思考。我认为……"并在博主C的观点之上，做了进一步解读，发表了自己的想法和思考，使内容既有深度又有广度。

这样的"借势"不仅让博主C的观点得到了更广泛的传播，也让自己的内容增添了更多光彩和深度。这就是真正的借势，是互助共赢的艺术。

心理学研究表明，人都有趋利避害的心理，没有人愿意把自己的宝贝拱手让人。但是，如果将这宝贝借出去后，不仅能让它发光发热，更能为自己带来意想不到的收获，那么我想肯定会有很多人是愿意借的。

如果你认为借势只是单纯的拿来主义，那你可能很难借到势。即便投机取巧借到了第一次，也很难再借到第二次。

因此，在借势之前，你要先提升自己对借势的认知。要明白，借势的原则是互助，借势的本质是一场双赢游戏。

1. 重启认知：借势是相互补充

长久以来，一些人习惯性地把借势理解为利用，于是走向了另一个极端——自负。

自负，它像一个自我编织的梦，让人陷在其中自我陶醉，仿佛自己无所不能。且一个人的力量终究是有限的。在复杂多变的环境中，仅凭一己之力往往难以应对，而且单打独斗，不仅会让你陷入孤军奋战的境地，还会让你错失与他人携手共进的机会和资源。

借势，更像一种智慧的借鉴和补充。

举个例子。

我借势于我的母校中国传媒大学，用它深厚的文化底蕴和卓越的教育成果做背书，但同时我也在用我的专业能力和影响力为母校宣传，让更多人了解并喜欢上这所学府。

我借势于我所在的平台的热度、资源和影响力，让我的声音被更多人听到，让我的价值得到更好的展现。与此同时，我也在为平台贡献我的价值，用我的专业知识和经验为平台带来更多精彩的内容和话题。

我还可以向我的家人、朋友以及我的兴趣爱好和所热爱的事物借势。我借势的这些对象并不会觉得我是在利用他们，我们之间是一种相互支持、相互成就的关系。

只要我们怀揣纯粹的目的，关注双方的利益，将借势的行为用于促进自己和他人的提高和发展，那么这就是值得赞赏和学习的。

2. 开放心态：给予比索取更重要

借势绝不是简单的拿来主义，更不是伸手要东西的借口。

真正的借势是在深思熟虑之后，在明确你能否在借用他人之势的同时，为这个"势"注入新的活力，让它变得更加强大。

在借势之前，不要只关注自己能从中获得什么。相反，你要先思考"我能给予什么"。

真正的借势高手，往往知道给予比索取更重要。他们明白借势的精髓在于共赢与双向赋能，他们愿意用自己的智慧和资源，去激发"势"的潜力，让彼此都能从中受益。

举个例子。

有一位短视频博主非常擅长文案创作。然而，出色的文案并不意味着短视频的关注度就能高，许多粉丝对她的剪辑能力提出了批评。

"你的内容确实很棒，但剪辑部分有些拖后腿。"

"我很喜欢你的内容，但剪辑手法让我一下子就对内容失去了兴趣。"

"你还是好好学一学剪辑吧。"

面对纷繁复杂的剪辑软件以及各式各样的特效处理，她感到十分吃力。即便投入了大量的时间和精力，也难以达到自己心中的理想效果。

正当她为此愁眉不展时，她想起了一位朋友，这位朋友不仅擅长剪辑，同时也是一位自媒体内容创作者。

这位朋友在视频剪辑、制作方面有着丰富的经验，能够轻松地将原始素材剪辑成流畅且生动的作品。然而，他也有自己的难题：无论如何努力，都写不出一篇满意的文案。

于是，她向朋友提出了一个建议：她可以帮助朋友写文案，而朋友则负责她的视频剪辑工作。朋友听到这个提议后，既开心自己的问题能够得到解决，又欣然同意帮助博主进行视频的剪辑和制作。

一个缺少剪辑能力，一个缺少文案才华。一个擅长文案创作，一个擅长视频剪辑。他们的能力恰好形成了互补。

就这样，他们携手组成了自媒体搭档。

结果正如他们所期望的那样，各自的自媒体账号关注度都有了显著提升，粉丝数量也大幅增长。

真正厉害的人不仅会审视自己的短板，更会敏锐地洞察他人的需求。当你深入理解别人的需求时，便能够用自己的价值去填补那片空白。你的智慧、经验、资源，都将成为别人渴望的资源。这时，你会发现，别人不仅愿意被你"借势"，更期待与你携手共进。

在这个充满机遇与挑战的时代，每个个体、组织，甚至每件事，都各自拥有独特的势能。这些势能神秘而强大，只待你去发现、去解锁、去共创。

智者，借势而行，帮助他人，成全自己。

借力、使力、不费力

借力，是一种能力，更是一种智慧。

举个例子。

有一家非常出名的图书馆，里面的藏书非常丰富。有一天，图书馆要搬迁到新馆去，这时候海量的藏书却成了大问题，搬运费非常昂贵。正当馆长愁眉不展时，一位员工出了一个主意。馆长认为这是一个非常有创意的办法，便采纳并实践了。

图书馆在报纸上登了一则广告："从即日开始，每个市民可以免费从博物馆借10本书，但是借出去的书要还到新馆。"

消息一出，全城沸腾，市民们纷纷涌向图书馆，短短几天，书籍就被借空。

就这样，图书馆巧妙地借助了大家的力量，完成了一次令人震撼的"搬家"。

这个故事让我想起了比尔·盖茨的一句话："一个人永远不要靠自己一个人花100%的力量，而要靠100个人花每个人1%的力量。"

真正的成功者从不孤军奋战、使用蛮力，他们懂得如何汇聚众人的力量，共同攻克难关。他们通常都拥有"借力打力"的思维模式，非常清楚地知道：好风凭借力。

你不必成为面面俱到的全能王，他山之石可以攻玉。

1. 好风凭借力

在这个快速变化的时代，你不必再执着于孤胆英雄的剧本。学会借力打力，你就会发现，向上的路其实并没有你想象得那么难走。

举个例子。

> 刚开始做自媒体的我，没什么关注度和粉丝。但是，随着作品的积累和内容的提升，我收获了越来越多的认可，取得了一些成绩。或许就是这些成绩，让头部多频道网络（MCN）公司看见了我，并向我抛出橄榄枝，邀请我加入他们的团队。
>
> 面对这个机会，我几乎没有犹豫就选择加入这个优秀的团队。

我知道，一个人的力量是有限的，而团队的力量是无穷的。我更知道与优秀的平台、优秀的人并肩前行，我可以看得更远，走得更远。既然这样，我又何必独自埋头苦干，白白错失更多的资源和机会呢？

一旦做了决定，就全力以赴。

> 后来，我经常在直播间坦言自己签约了 MCN 公司。在粉丝询问时，我也分享了"合作 + 借势"的原则：一个人可以做得很好，一群人可以走得更远。我加入 MCN 公司，跟专业公司合作，有专业人员的加持，可以让"向上研修院"走得更好、更远。

当朋友问及我为何选择加入这家公司，而不是继续自己创业时，我坦然相告：我正是看中了这个强大平台的实力，希望借力打力，借势起飞。我不仅要借平台的力，还要借同事的力，共同创造更好的成绩，拿到更好的结果。

或许在这之前，我只是一个默默无闻的小博主，但当我告诉你我在哪个平台，有哪些优秀的同事时，或许就能加深你对我的信任和印象，让我更容易被记住。

真正加入平台之后，所愿即所得。这个优秀的平台让我看到了更广阔的天地，也让我感受到了前所未有的机遇和挑战。在这里，我不断地学习、成长，与团队一起刷新了一个又一个好成绩。

借力，使力，真的不费力。

2. 不必做"全能王"，他山之石可以攻玉

如果你不是全能王，不是"六边形战士"，也不必苛求自己，你可以借他山之石攻玉。

举个例子。

记得在刚开始做自媒体时，我一个人孤军奋战，包揽了各种工作，独自面对所有的挑战。从写脚本、拍摄到剪辑，每一个环节都需要我自己亲力亲为，就像大家说的"一个人活成了一支队伍"。

虽然凭借一己之力也取得了一些成绩，但其中的艰辛与付出，只有我自己能深深体会。

但自从加入 MCN 公司后，很多东西都有了非常大的

变化。我不再需要辛苦地做全能王，而是开始借助团队的力量。

在选题会上，我们团队会一起进行头脑风暴，集思广益。这种工作方式让我能够更深入地思考选题，从而创作出内容丰富的视频。同时，我也可以向摄影、剪辑、后期等各个领域的同事借力，他们各自的专业能力让我的作品更加立体、精彩、有价值。

如今，我可以将更多的时间和精力投入内容创作，向闺密们呈现更多有价值、有深度的内容。而团队中的每一位成员也都能够发挥自己的专长，共同创造出更好的作品。

我们拿到的结果越来越好，远比之前我一个人单打独斗时好得多。

我非常认同我在《三体》中读到的一句话：弱小和无知不是生存的障碍，傲慢才是。

不要想着去做全能三，非要把自己打造成"六边形战士"。真正的智慧在于如何巧妙借力，而非一味追求全能。

他山之石可以攻玉。你要聚焦的是你要攻的"玉"，而不必过分在意它来自哪座山。

举个例子。

我认识一位营销高手，他同时也是一位"借力"高手。

每次与客户交流，他总会巧妙地说："我们团队里有一位了不起的老师，他在企业管理、财富规划、营销策划等领域都有独到见解。他已经帮助很多像您一样的成功人士实现了财富倍增。如果您愿意与他交流，我下次带他一起来见见您，如何？"

这样的话总能激起客户的好奇心，让他们非常想要认识这位厉害的人物。而一旦会面，通过深入的沟通，客户总能收获满满的新理念和信息，最终双方顺利达成合作的可能性会非常高。

再举个例子。

曾有人向一位杰出的企业家求教成功秘诀。

企业家笑着坦言："在财务核算方面，我不及财务经理；在销售技巧上，我不及销售部部长；在人事管理上，我不及人事经理；在口才表达上，我不及培训部部长。但我能够吸引这些能人加入我的团队，并充分发挥他们的才华。正是借助他们的力量，我的企业才能稳步走上良性发展的轨道。"

只需借来他山之石，便可轻松攻下那块看似坚不可摧的玉。何乐而不为？

懂得借力是一种智慧，更是一种能力，没有人规定，你单凭自己的努力去完成一件事才叫成功。你要在该尽力时尽力，在尽力的同时学会借力，学会借力打力。

赶紧行动起来，去用他山之石，攻下那一块属于你的"玉"。

借助支点使巧劲

阿基米德说："给我一个支点，我就能撬动地球。"这句话不只是对物理原理的诠释，更是对人生可能性的深刻启示。或许你正面临困境，或许你渴望突破，但请相信，只要找到那个支点，你完全有能力撬动一个不一样的人生。

这个支点是什么？这个支点是万物，是一切可以为你所用的资源。

举个例子。

在 1936 年奥运会之前，阿迪·达斯勒（Adi Dassler）针对短跑运动员矸制出了专门用于短跑的钉子鞋。他敏锐地捕捉到了美国短跑名将杰西·欧文斯（Jesse Owens）作为本届奥运会最大夺冠热门的商业价值，于是无偿地将钉子鞋送给欧文斯试穿。欧文斯穿着这款鞋参加了奥运会并一举获得 4 枚金牌，这使得阿迪达斯的产品迅速走红。

此后，阿迪达斯公司多次运用这个策略，通过赞助和签约顶级运动员来扩大品牌影响力。据统计，阿迪达斯签约的顶级运动员包括足坛巨星贝克汉姆等，这些合作不仅提升了品牌知名度，还带来了可观的销售额增长。

阿迪达斯深知体育赛事对于品牌推广的重要性，因此积极参与各种国际和国内体育赛事的赞助活动。从世界杯、奥运会等大型国际赛事，到各种地区性、专业性的体育赛事，都可见阿迪达斯的身影。

这些赞助活动不仅为阿迪达斯提供了展示产品的平台，还通过媒体曝光和现场宣传，极大地提升了品牌知名度和美誉度。据统计，阿迪达斯每年在体育赛事赞助方面的投入高达数亿美元，这也为其带来了数倍于投入的回报。

坐等机会、传统媒介宣传，或许能带来一定的收益，但其远远不足以在短时间内提升品牌的知名度和影响力。因此，阿迪达斯始终在寻找一切可以利用的资源杠杆，以撬动自身的飞速发展。

在现实生活中，这样的资源杠杆有很多，它们可能是别人的经验、优势等。

1. 借别人的经验，少走弯路

经验不一定要自己一步步去积累，借他人的经验也是一种经验累积。这让我想起历史学家许倬云说的一句话："全世界人类曾经走过的路，都要算我走过的路。"

不要平地起高楼，要学会站在前人的肩膀上继续攀登，进而摘取属于自己的成功果实。这才是一个智慧的人。

举个例子。

约翰·D.洛克菲勒（John D. Rockefeller）是历史上最富有的商人之一，也是标准石油公司的创始人。他通过借鉴他人的经验，在商业领域中建立了庞大的商业帝国，被誉为"石油大王"。

洛克菲勒从小就对商业表现出强烈的兴趣，他经常与父亲讨论商业问题，并阅读大量商业图书和文章。在进入商业领域之前，他做了充分的研究，分析了许多成功的商业企业和商业领袖，如安德鲁·卡内基（Andrew Carnegie）和亨利·福特（Henry Ford）。

洛克菲勒从卡内基身上学到了如何建立高效的钢铁厂，以及如何通过技术创新和规模扩张降低成本、提高生产效率。同时，他也从福特身上学到了如何生产高质量的产品，并注重市场营销和品牌建设。

在观察到石油行业的巨大潜力后，洛克菲勒决定进入这个领域。他通过合作与兼并，逐步控制了美国的石油产业，建立了标准石油公司。

你看，你完全可以借鉴他人的智慧。毕竟，他人的经验是经过反复验证的，更能避免你走弯路。

再举个例子。

我有一个闺密，她是学设计的，大学毕业后在一家设计公司工作了两年。两年的时光让她重新认识了自己。

她渐渐意识到，设计并不是她真正热爱的工作，自己不是一个创意无穷的人，也不愿意整天对着计算机工作。更重要的是，她非常明白设计难以成为她终生的事业追求。

相比之下，她更向往生活的多彩，渴望探索另一种生活方式——开一家私房菜馆。

当她向我透露这个想法并征求我的意见时，我回应道："未尝不可。"我告诉她，这个社会有很强的包容性，人们所学的专业并不等于未来的职业定位。只要深思熟虑，你大可勇敢追求自己的梦想。但同时，我也提醒她，跨界并没有她想象中的那么简单，需要先去学习新领域的知识，掌握相关信息。

她聪明且果断，离职后选择进入一家连锁餐饮集团，从基层服务员做起。她勤勉踏实，两年后晋升为分店店长，既对餐饮行业的运营模式有了深入了解，也掌握了进货等关键环节的市场行情。

然而，她并没有急于开店，而是继续深造。

她报名参加了厨师学校的短期课程，学习了一年烹饪技艺。她坦诚地说："我或许不会成为专业厨师，但至少要懂得如何评判一道菜的味道，这样我才能不断优化菜品，提升菜品质量。同时，在招聘厨师时，我也能更专业地选拔合适的人选。"

经过3年的积累与沉淀，她终于开设了自己的私房菜馆。她学过设计，因此餐厅的布置独具匠心：宽敞的空间、柔和的灯光、铺满鹅卵石的主路、每个包间上的露营伞以及露营风格的桌椅，都让人眼前一亮。菜品也别具一格，既有露营时常见的烧烤、饮料，也有她独家秘制的菜品。此外，餐厅内还有大屏幕投影，供顾客观影、唱歌，增添了不少乐趣。

尽管餐厅的客单价较高，但其独特的风格和美味的菜品依然吸引了众多食客，其中包括不少知名自媒体博主。很快，她的餐厅便成了当地的热门打卡地，需要提前预约才能用餐。

在人生的道路上，有一些曲折与坎坷需要你亲自去探索，去体验。但有些路，前人已经为你走出来了，你就不必再像他们之前那样绕弯子，走那些充满未知的曲折小路了。你可以直接借助前人照亮的光继续探索，直达成功的彼岸。

2. 借别人的优势，强强联手

当你渴望借助某个人的势能时，最直接和有效的方法就是与他携手合作，共同整合资源，实现互利共赢。

举个例子。

W 传媒公司作为自媒体 MCN 领域的佼佼者，汇聚了大量知名主播，其中不乏粉丝数量达数百万乃至数千万的佼佼者。尽管这些主播已各自具备独当一面的能力，足以单独成立公司，但他们仍选择携手 W 传媒公司，为什么呢？背后的驱动力在于资源整合的优势。

W 传媒公司凭借其领先的行业地位，拥有丰富的资源、显著的优势、先进的技术、卓越的能力以及专业的人才队伍，能够精准把控内容质量，高效实现商业变现。通过与 W 传媒公司合作，主播们可以获得更加稳健且广阔的发展前景。

某头部主播夫妇就借助 W 传媒公司的优势，拿到了非常好的结果。

最开始，这对夫妇自己做自媒体。在狭小的工作室中，夫妻二人亲力亲为，从策划、拍摄到剪辑一手包办，逐渐积累了百万名粉丝的基础。随后，W传媒向他们伸出了橄榄枝，夫妇二人果断签约，加入了W传媒的大家庭。

尽管起初他们与W传媒公司总部并不在同一城市，但W传媒公司为他们提供了更优质的办公空间，团队规模也逐渐扩展至六七人。随着合作的深入，他们的粉丝数量激增至千万级别，并成功开启了直播带货之路，首播即吸引数十万名观众，实现了数百万元的销售额。

随后，W传媒公司邀请他们搬迁至总部所在地，夫妇二人毫不犹豫地带着团队和两大卡车的行李，跨越城市，只为更近距离地接触资源、把握机会、迈向成功。他们的团队日益壮大，专业度不断提升，直播业务愈发成熟，成绩越来越好，拿到的结果越来越多。

面对外界对于他们为何放弃单打独斗、迁居陌生城市的疑问，博主夫妇坦诚回应：他们擅长的是直播间内的产品介绍，而不是团队建设与运营管理。与W传媒公司这样的专业团队合作，无疑能让他们事半功倍，何乐而不为？

博主夫妇跟W传媒公司之间合作，实现了"1+1 > 2"的共赢局面，这正是强强联手、整合资源的典范。

再举个例子。

我的闺密小W，搬到了一个陌生的城市居住，并打算在这里开一家瑜伽馆。在选地址的关键时刻，她认识了如今的房东。当时，在跟房东聊天的过程中，小 W 不经意间提到自己经营过一家瑜伽馆，并且是资深的瑜伽教练，现在也想在这边再找一个合适的地方，继续从事老本行。

房东听后，随即提议说："这样吧，不如我将这房子的房租算作入股资金，我们共同经营这家瑜伽馆，你觉得如何？"

对于小 W 而言，作为一名经验丰富的瑜伽馆经营者，她原本并不需要合作伙伴。然而，面对房东的提议，她仍深思熟虑了一番。

在与房东的深入交谈中，小 W 得知房东在当地享有较高的知名度，人缘非常好，拥有丰富的"人际资源"。

小 W 深知，初来乍到，面对如何吸引顾客这个难题，她亟须外界的帮助。同时，她也明白，开设瑜伽馆并不仅仅依赖于业务能力，还需要与各种人打交道。而房东作为一个人缘好的本地人，处理这些事务或许会更加游刃有余。

思索一番后，小 W 意识到，她需要房东的助力，需要房东为她带来客源，需要借助房东的好人缘。

于是，小 W 欣然接受了房东的提议："好的，我们合作吧。"

二人一拍即合，迅速投入行动。房东负责行政、内勤等事务，而小 W 则专注于自己的瑜伽教学业务。

短短一年内，她们便收回了成本。

随着时间的推移，她们的瑜伽馆逐渐发展成为一家高端瑜伽会所，收获了丰厚的利润。

事后，小 W 在与我分享这段经历时提到，当时她其实也可以选择不与房东合作。如果不合作，虽然所有收益都将归她所有，但那也只是一块相对较小的"蛋糕"。而有了房东的加入，即便房东分走了大部分收益，但整个"蛋糕"却因此变得更大，她得到的那一份也远超之前。更重要的是，她可以更加专注于自己的专业领域，效率也得到了提升。而合作的结果，是房东获得了股份，她也得到了房东的资源。她们共同将"蛋糕"做大，实现了互补共赢。

如今，瑜伽馆已经发展壮大，她们着手开设连锁店。

借助杠杆、顺势破局，这样的努力才是真正的聪明之举。

在人生的舞台上，你的底牌并不重要，你可以借助支点，利用经验、优势、声望……去不断调整自己的人生框架，撬动未来，让未来现在就来。

第 7 章

拿结果：

助推人际持续向上的 5 个策略

小赢撬动大赢，
行动力是成功的催化剂。

分享成功，才能更容易成功。

感谢帮你拿结果的人，
是保持良好人际关系的秘诀。

保持鲜活的生命力，
才能在向上的路上走得更远。

用行动力回馈伯乐，
是维系关系的有效方式。

用小赢撬动大赢

3年前，我旳一个老前辈问我："你的自媒体做得怎么样了？"

虽然我已经拿到一些结果了，但我还是觉得这些结果不值得一提。跟那些粉丝数量达几百万、上千万的自媒体达人相比，我的戎绩就是小巫见大巫。

但我还是如实向他介绍了我已经拿到哪些结果。他在听完之后，非常开心地说："真不错！这是从0到1的跨越，是质的飞跃。接下来，你就能从1到100，再到1000……这证明你的方向是对的，你的努力是有效的！"

真正厉害的人，都知道先完成再完美。他们明白，真正的力量在于脚踏实地，先迈出从0到1那关键的一步，获得一些小赢。而这一步，虽微小，却蕴含着无穷的力量，它就像一个支点，能够撬动更大的成功。

举个例子。

　　1976 年，乔布斯与好友沃兹尼亚克在乔布斯家的车库中创建了苹果公司。他们的第一个产品是一款名为 Apple I 的个人计算机，这款计算机的设计初衷是为了满足计算机爱好者的需求。尽管 Apple I 的销售量并不高，它却为乔布斯和沃兹尼亚克赢得了业界的关注和认可。

　　在 Apple I 之后，乔布斯和团队继续研发新的产品。1984 年，他们推出了 Macintosh 电脑，这是世界上第一台采用图形用户界面的个人计算机。Macintosh 的推出引起了轰动，它不仅改变了人们使用计算机的方式，也奠定了苹果公司在个人计算机领域的领先地位。

　　进入 21 世纪后，乔布斯带领苹果公司进入了一个全新的发展阶段。他推出了 iPod 音乐播放器，这款产品迅速占领了市场，成为当时最受欢迎的便携式音乐设备。随后，乔布斯又推出了 iPhone 智能手机和 iPad 平板电脑，这两款产品彻底改变了人们与数字世界的互动方式，也让苹果公司成了全球科技行业的领军者。

乔布斯用一次次看似不起眼的小胜，在悄然间取得了苹果公司在科技行业的霸主地位。

再举个我身边的例子。

　　我的朋友夫妇，有一个 8 岁的孩子。在教育孩子时，他们时常会在孩子耳边严厉地叮嘱："你将来一定要成为一个对社会有贡献的人。""你将来要成为一名科学家。""你将来必须当一个出色的飞行员。"然而，他们渐渐发现，这样的教育方式反而让孩子对学习产生了抵触情绪。

朋友苦恼地向我倾诉："现在的孩子是不是都没有梦想了？是不是都无法被点燃激情了？"

对孩子来说，他可能尚且无法理解梦想的意义，很可能今天有一个梦想，明天又换一个梦想，他也不明白今天的学习与未来的梦想之间有什么关联。在这种情况下，梦想又怎么能激励孩子呢？孩子只想着放弃。

朋友问我："那我该怎么做呢？"

我回答道："试试将大梦想分解成小赢吧！例如，你可以对孩子说'我们每天做 10 个俯卧撑，坚持 20 天怎么样'，这个挑战在孩子的能力范围之内，孩子通常会乐于接受并坚持完成。20 天后，如果孩子成功完成了挑战，你就要由衷地夸奖他'哇，太棒了！你真的做到了，你真是一个有恒心和毅力的孩子'。你在夸孩子时，一定要具体且真诚，让他真切地感受到你的夸赞。这种正面的鼓励会推动他不断完成小目标，甚至勇于挑战更大的目标。

如果你想提升孩子的阅读量，就可以设立阅读打卡计划，一个月读一本书。一年下来，孩子就能读 12 本书。每完成一次阅读打卡，你都要给予孩子适当的奖励。这样，孩子就能在一次次的小胜利中建立自信，从而在未来的中考、高考乃至人生的重要时刻，都能相信自己能够成功，并为之不懈努力。"

相信自己能赢，就已经跨出了迈向成功的第一步。

不积跬步，无以至千里。

不要因为只收获了一点点小成果而黯然神伤。其实，你已经在不经意间，撬开了成功的口子，只等你慢慢推开成功的大门。

1. 找到关键人物，确定每一步小赢

在做任何事情时，都要重视跟关键人物的逐步沟通与确认，确保每一步都取得小赢。

带团队期间，我发现一些小伙伴对我心存畏惧。这种畏惧体现在，当我分配任务后，他们在执行任务过程中遇到难题或不确定的情况时，不敢向我求助，而是沉默不语，坚持自行摸索，直到最后提交结果给我看。

但是，当我查看他们的工作结果时，往往发现与我的预期大相径庭。这时，我难免会感到失望并批评他们，而他们则因觉得自己已竭尽全力而感到委屈。

那么，正确的行事之道是什么呢？

我认为，当你不确定是否完全理解对方的意图时，应先采取小步骤尝试。尝试之后，迅速向关键人物提供反馈。

例如，你可以向你的上级汇报："我已经开始做这个项目了，想请您看看这样做是否符合要求，或者这个方向是否正确？如果方向无误，我将继续按照这个方向推进；如果有偏差，请您指出需要调整的地方。"

阶段性的汇报至关重要，它能帮助你校正行动方向，确保

你的行动与关键人物的期望相契合，从而保障最终成果的准确性。这样，我们才能逐步积累小赢，避免最终的失败。

举个例子。

我曾与企业经营者一起审核一份来自澳大利亚的复杂合作项目合同，过程中他的一个举动给我留下了非常深刻的印象。

这份合同的内容很复杂，初听时，我自认为已经掌握了。他见状，便提议说："你来概述一下合同的核心内容吧。"

我满怀信心地复述了一遍，他却指出："不对，关键信息点有偏差。"

我再次尝试，但老板依旧摇头："还是不对。"

如此往复，直至第五次复述，他才终于满意地点头赞许："这回正确了。"

起初，我以为他在故意考验我，让我多次复述。但事后反思，我意识到并不是这样的。他这样做，是为了确保我们双方对合同的理解完全一致。这种一致性至关重要，它将直接指导我的行动，决定最终结果，甚至关乎合作成功与否。

试想，如果他没有与我确认这些关键信息，我可能会按照自己的理解去审核合同。无论我如何努力，最终的结果都可能与他的期望大相径庭。

如果局面尚可挽救，或许还有转机。但一旦问题严重，影响到与澳大利亚公司的合作，公司将面临巨大的损失，我也可能失去工作。

因此，这件事给了我一个深刻的启示，也让我学到了一个高效的做事方法：一定要及时与关键人物反馈信息，保持信息同步，以达成共识。

许多人或许会说，他们在执行任务时也会及时反馈，但最终结果依然不尽如人意。这究竟是为什么？其中的一个原因是，他们并没有准确识别并锁定关键人物进行反馈。

举个例子。

我有个朋友习惯独自埋头苦干。当然，她偶尔也会与同事们交流，征求他们的意见，而同事们往往会给予正面反馈，称赞她做得很好。然而，当她将工作结果提交给上级时，却常常因为不符合上级的期望而遭到批评。

相比之下，我的另一个朋友则采取了截然不同的策略。他在每个关键节点都会主动与直属上级沟通确认。这样做的好处有两个：一是确保自己的工作方向正确无误；二是在无形中与上级建立了更紧密的合作关系。因此，即便最终结果未能完全满足上级的期望，上级也倾向于将责任归咎于自己，而非我的这个朋友。

你要找到关键人物，确认每一步都是小赢。

很多人认为赢这件事非常难，是不可控的。其实，赢这件事是可控的。只要你能持续小赢，你就能迎来大赢。

"持续小赢"的概念是哈佛大学的特蕾莎·阿马比尔

（Teresa Amabile）教授提出的。她指出，日常工作生活中使得员工达成目标的最佳内在激励是帮助他们持续进步——即使是微不足道的胜利。

"持续小赢"概念的背后是及时的正反馈。

举个例子。

> 英国传奇自行车队教练戴夫·布雷斯福德（Dave Brailsford），一个将"不可能"变为"可能"的魔术师。他奉行"边际收益的聚合"战略，这是指将自行车的每一个零部件都精心打磨，在每个环节上追求那 1% 的微小改进。当这些微小进步汇聚成河时，自行车的整体性能就会大大提升。在这个理念以及车队的共同努力下，英国自行车运动员在 2007—2017 年这辉煌的 11 年间，共夺得 178 次世界锦标赛冠军、66 枚奥运会或残奥会金牌和 5 次环法自行车赛的胜利。

持续小赢，并不是东一榔头、西一棒槌的随意成功。它聚焦的是你的终极目标。你要将终极目标拆分成一个个短期的、可实现的小目标。这样，你会发现，每一天的进步都有一个正反馈，都能给你带来动力。

在实现小目标的过程中，你可以记录自己每天的进步和收获。无论是工作中的小成就还是个人成长的点滴，都是值得记录的"小赢"。同时，不要吝啬对自己的赞美和奖励，每一次"小赢"都值得一个小庆祝、小礼物。

再小的赢，只要永不为零，它就可能给你的人生带来翻天覆地的改变。

2. 无论结果大小，有结果才有说服力

我们一定要跟着有结果的人学习。

你是不是被这样的声音包围过：

"我觉得过程更重要。"

"不要在乎输赢，过程更重要。"

"如果只关注目的地，你就会错过沿途的风景。"

这些声音有一定的哲理，但有一个不争的事实是：结果，才是硬道理，是你实力的证明。

当然，如果你满足于现状，享受当下的安逸，那么你可以尽情享受过程带来的每一份轻松和快乐。但如果你希望你的人生向上发展，那你就必须追求结果，不断拿到一个又一个的小结果。

举个例子。

如果你是大学生，你需要的不只是老师在课堂中教的知识，更是能证明你专业能力的证书和成绩；如果你是销售员，你需要的不只是客户很喜欢你，更需要能证明你销售能力的销售业绩；如果你是自媒体创业者，你需要的不只是创作优秀内容的能力，更是能证明你创作能力的粉丝数量、作品点赞数量和转发数量。

没有人会因为你口说无凭的一句"我很厉害，但我不在乎

结果"而重用你或投资你。只有实打实的成绩，才是你通往向上人生的阶梯。

举个例子。

"我投入了大量的时间和精力制作这些短视频，可为什么还是没人关注我？"一位博主满心困惑地向我倾诉。

我找到她的自媒体账号，仔细观看了她的作品后，诚恳地给出了建议："你的内容还需进一步精进，或许你可以从与你同领域的博主那里汲取一些经验。"

她立刻提出异议："她们不都是被公司包装出来的吗？如果我也有公司包装，我肯定也能火！"

我微笑着回应："那你为什么不考虑找家公司包装自己呢？这样或许能帮你解决当前的困扰。"

她无奈地叹了口气："现在的公司都太现实了，觉得我粉丝数量太少，根本不愿意理我。我跟他们解释，我为内容付出了很多，但他们只看结果。"

看重过程的人同样值得尊重，但不可否认的是，那些能够拿出亮眼成果的人，往往具备足够强的实力。

在这个竞争激烈的时代，企业、投资人筛选人才最直观的方式，就是查看他们手中的成绩单。

是骡子是马，得拉出来遛遛才知道。

当你拥有一份令人瞩目的成绩单时，资源自然会向你而来。这就是"资源倾斜效应"的体现。

企业经营的最终目的是盈利，个人发展也是如此。当你真正取得了成果，站在了成功的巅峰时，你才有底气说："输赢对我来说已不再重要。"

因此，你需要用行动来证明你的能力，用结果来回应所有的质疑。

人言可畏，但结果无敌。

用行动力回馈伯乐

"例子姐，我怎么做才能挣到我人生的第一个 100 万元呢？"

"例子姐，我怎么做才能进入这个行业的头部公司呢？"

"例子姐，我怎么做才能吸引高净值客户呢？"

这些人都期待我给他们指出一条捷径，但向上的路没有捷径。

人生不是百米冲刺，而是一场需要耐心与毅力的马拉松。人生的每一步都需要我们稳扎稳打。

因此，对于上面的问题，我给出的建议是：不要急于规划未来的每一步，先勇敢地迈出一步试试。去感受这一步带给你的回响，是否与内心的期待不谋而合。如果方向对了，那就坚定前行，无所畏惧；如果发现方向有些许偏差，不妨灵活转身，优化自己向上的道路。

我想强调的是，如果有伯乐给你提了建议，不要徘徊，要立刻行动，迈出第一步。这种"立刻行动"的态度，是我从我的伯乐身上学来的。

在刚开始创业时，我对资源整合和业务创新缺乏经验，于是我常常向我的投资人求教。他总是能清晰地看到我的问题所在，并提出一些在我看来极具挑战性的建议。然而，对于这些建议，我往往只能领会十之一二，其余的部分则因自认为难以实现而放弃尝试，转而再次向他请教。对此，他半开玩笑半认真地说："咱们还是喝茶聊天吧，别谈工作了。跟你说了你也不做，我不想白费口舌。就算我投的钱打水漂了，咱们还能愉快地做朋友。"

那一刻，我意识到，这是一个极其危险的预兆——我的投资人兼伯乐正因为我迟迟没有拿出成果而萌生退意。我开始明白一个道理：真正的成长，始于行动，终于结果。结果不只是对伯乐最好的回馈，更是自身能力最有力的证明。

有了结果，伯乐才愿意继续推动你向上。

有了结果，你才有更大的信心走在向上的人生之路上。

这就是闭环思维——凡事有始有终，事事有回音。

1. 行动力是对伯乐最好的正回馈

伯乐最欣赏的是一说就通、不拖泥带水、直接行动的人。举个例子。

> 我经常去各大高校讲课，课后常有学生希望添加我的联系方式，希望我帮忙推荐实习单位。但是，我并不会轻

易给出推荐，而是会先对他们进行一番考察，主要关注他们的学习能力和为人处世的态度，以此作为是否推荐的标准。

某天，一位研究生添加了我的微信，她称赞说："例子姐，您说话风趣且充满智慧，显然读过很多书。我想成为像您一样有趣的人，能否推荐一些书给我呢？"

我很感谢她对我的认可，并随即分享了一份书单，精选了 3 本书推荐给她。

你看，这位研究生多么会说话。很多人都乐于跟别人分享书单，这是一件非常有成就感的事情，因此分享书单很容易拉近彼此之间的关系。

大约一个月后，她向我反馈："姐，您推荐的 3 本书我都已经读完了，觉得非常有意思。不过，有些观点我还没有完全理解透彻，因此写了几篇读书笔记，您有空的话，能否帮我看一下？"

她发来了 3 个排版清晰的 PDF 文档，收到文档的那一刻，我对这位研究生产生了兴趣，她认真对待了我的建议。在这一个月里，她不仅花时间阅读了这 3 本书，还做了详细的笔记。

在看了她的读书笔记后，我真诚地分享了我的见解，为她解答了那些她还没有理解透彻的观点。

她再次称赞说："姐，您对这些书的解读果然更有深度，格局也更宽广。"

听她这么说，我感到很开心。

随后，她提出了实习的意向："姐，我即将开始实习，您觉得我应该选择什么样的公司呢？"

我反问她："你更倾向于哪种类型的公司？"

她真诚地回答："我想去您的公司实习。"

我告诉她："我目前正与一家传媒公司合作，团队已经组建完毕，暂时不缺人手。但我可以推荐你去我朋友的公司。"

我之所以推荐她去朋友的公司，是因为她一直在用行动给予我正面反馈。我相信，她未来的工作表现也不会差，因此愿意为她引荐。

她充满信任地说："我相信您的眼光，您推荐的一定是很棒的公司。"

几年后，这位研究生已成长为公司的业务骨干，并晋升为主管。她时常邀请我吃饭，并在人前人后称我为她的"贵人"。我告诉她："我只是有一双发现的眼睛，你更要感谢自己，因为你勇于争取机会，所以你才拥有了'贵人'。"

她最终取得的成就和结果，并不完全归功于我的推荐。我认为，这些成果是她自己努力的结果，是她的行动力和持续的正面反馈为她赢得了实习机会，并最终获得了很理想的结果。

但在现实生活中，总有人在面对伯乐的建议时，寻找各种托词："我现在资金短缺，难以起步；时间紧迫，实在分身乏术……"然而，伯乐从不强求行动，他知道，人生的道路终究需要每个人自己走。

伯乐的作用，在于为你点亮一盏明灯，指引一条最适合你的前行之路。如果你当前面临重重挑战，不必焦虑，而应当自我勉励，寻求破解的方法。例如，资金不足，就立即着手积累；时间紧张，则需要学会高效的时间管理方法……这些都是成长路上不可或缺的自修课程，无须伯乐手把手教你。

伯乐的目光，始终聚焦在你的行动及其成效上。当你积极行动，拿到结果时，他既欣慰于自己的识人之明，又对你的能力赞不绝口，倍加珍视与扶持。即便偶尔失意，你也不必气馁，伯乐会根据你的实际成果，为你提供宝贵建议，帮助你调整步伐，重新定方向。

请坚定地信任你的伯乐。他可能不完全了解你所处的每一个细节，但他走过的路、见过的人，都汇聚成了你暂时难以企及的智慧与经验。既然你选择了向他求助，那就请全心全意地信任他的判断。在这个世界上，没有什么比信任更能激发人的潜能和动力。

2. 不要一口气吃成一个胖子，先迈出第一步再说

空口无凭说一万次，不如行动一次。

举个例子。

你一直很喜欢家具设计，梦想着通过自己的创意与努力，在家具设计领域成立个人品牌，分享你的设计理念和产品。对于这个志向，你的伯乐为你提供了诸多宝贵的建议。

然而，你总因种种顾虑而踟蹰不前。你担心自己设计的作品不够独特，难以在众多设计师中脱颖而出；你害怕客户会因你的外在形象而对你产生误解，甚至轻视你的专业能力；你忧虑自己设计出的家具不够精致，无法吸引顾客的眼球；你还担心自己的创意不够前卫，或者表达能力有所欠缺，无法精准地传达设计理念。

……

正当你犹豫与筹备之际，同行业的朋友们在伯乐的指引下已纷纷行动起来，他们在设计平台上发布了自己的作品，并不断学习、调整设计理念和风格。他们把握住了早期的机遇，赢得了广泛的认可与追随者，甚至吸引了不少投资，成立了自己的独立品牌。

而当你终于下定决心时，你却发现市场已趋于饱和，竞争愈发激烈。那时，你或许会感到懊悔，为何没有听从伯乐的忠告，没有及早行动，而伯乐也会为你的迟疑感到遗憾。

人生是走出来的，不是想出来的。想，永远只有问题；做，才有答案。

从现在起，请你把"待会儿再说"换成"现在就做"。

我很喜欢的一本书叫《打造第二大脑》，作者是蒂亚戈·福特（Tiago Forte）。令我印象非常深刻，或者说非常吸引我的是这本书序言中的两段话。

你是否也和许多人一样，常常在不经意间遗忘了某些要事，并为此深感苦恼呢？

也许你在某次高谈阔论中抛出了某个令人惊艳的观点，却在需要援引案例支撑时陷入语塞；也许你在某次通勤或旅途中构思出了某个绝妙的想法，却在抵达目的地时忘得一干二净；也许你在某篇文章或某本书中领悟出了某个深刻的启示，却在试图重温回味时脑子里一片空白……

你是不是也经常会这样？突然有个想法，灵感闪现，但是转个身就忘了。

我以前经常这样，但读完《打造第二大脑》这本书之后，我有了新的收获：当有好的想法时，不要想等一会儿再记下来，等会儿再去做，而要现在、立刻、马上去做。

举个例子。

如果你此刻萌生了健身的念头，那就立即行动起来。你不必急于办理健身卡或聘请私人教练，给自己增添不必要的压力，以至于最终丧失行动的勇气。你可以从细微之处着手，例如，先从在家中练习八段锦开始。

我跟大家分享一个日常习惯。我每天早晨都会跟随视频做 10 分钟八段锦。如果你的时间很紧张，只做 5 分钟也可以。记住，有所行动，总比完全不动要强。

将行动付诸此刻，将结果交给时间。在时光的流转中，你将亲眼见证自己的成长与蜕变，收获意想不到的结果。

人生之路，道阻且长，行则将至。

感谢帮你拿结果的人

戴尔·卡耐基（Dale Carnegie）在《人性的弱点》中说："忘记恩德是人类的天性"。虽然这句话听来有些沉重，但不得不承认，现实生活中确实存在着这样的人。他们或许习惯了接受别人的帮助，却从未想过要感恩；或许认为别人的付出是理所当然的，于是将其轻易抛诸脑后。但是，这样的想法和做法只会让你的人生之路越走越窄、越走越暗。

好的关系是你来我往的，每一次帮助与回馈都让情义更加深厚。

帮人一寸，情长一寸；还人恩情，情义绵长。感恩并不是天生的，而是后天教育和认知提升的结果。一个人的认知越高，越能克服忘恩的天性，懂得知恩、感恩。

1. 人贵知恩，贵在感恩

华罗庚说："人家帮我，永志不忘。"在《易经》中，也有相似的教诲："施人之事，不记于心；受人之恩，铭记于心。"这是对人性中最美好品质的赞颂，也是对知恩图报这个高尚行为的呼唤。

一个真正具备智慧、人格高尚的人，他们深知恩情之重，懂得将他人的帮助铭记于心。在无力回报之时，他们会在心中默默期待有一天能够以涌泉之水，回报滴水之恩。

举个例子。

　　"我有今天的成就，不是因为我伟大，而是在于我背后有无数普通人默默无闻的努力和贡献；我有今天的事业，离不开政府的政策和社会各界的帮助，我欠社会的太多。人要有良心，我对社会始终抱着感恩心态，我是通过自己的力量来帮助社会"。

　　这是胡润中国慈善榜上的"中国首善"曹德旺的感恩情怀，也是他的成功之道。

　　早年，曹德旺凭借自己的努力，在改革开放的浪潮中脱颖而出，将福耀玻璃打造成全球汽车玻璃行业的领军企业。然而，在事业发展非常好时，他始终没有忘记那些在他创业初期给予帮助与支持的人，无论是亲朋好友的鼓励，还是政府政策的扶持，他都心怀感激。

　　1983 年至今，曹德旺始终愿意慷慨解囊，先后 8 次获得"中华慈善奖"捐赠个人奖，是名副其实的"中国首善"。

　　为了更好地回馈社会，曹德旺还设立了河仁慈善基金会，每年捐款，支持教育、扶贫、医疗等多个领域的公益项目。他深知教育乃国家之根本，因此特别重视教育捐助，帮助无数贫困学子圆了上学梦。同时，他也关注弱势群体，一直用实际行动诠释着"取之于社会，回馈于社会"的理念。

　　学会感恩，是对他人善意的回应，更是你内心善良与成熟的体现。当你心存感激，用真诚去回馈他人的帮助时，你会发现，好运气似乎也随之而来。

一个人有多少感恩之心，他的生命中就会有多少好运相伴。

2. 事无大小，恩无贵贱

人活于世，事无大小，恩无贵贱。无论是微小的帮助还是重大的支持，都值得你用心去感激、去铭记。

举个例子。

一家咖啡公司在发展初期，面临着资金短缺、市场竞争激烈等多重困难。这时，一位退休工程师主动提出愿意帮助公司。尽管工程师的经济条件并不优越，但他仍然尽自己所能，为创始人提供了关键的启动资金，以及许多宝贵的商业建议。

这笔启动资金虽然数额不大，但对当时的公司来说是雪中送炭。工程师的建议也帮助创始人在创业初期少走了许多弯路。

创始人深知这位工程师的恩情之重，他始终铭记在心，并努力以实际行动来回报。

在公司逐渐走上正轨后，创始人邀请退休工程师担任公司的顾问，并为他提供了丰厚的薪酬。不仅如此，创始人还经常亲自登门拜访退休工程师，与他分享公司的最新发展情况和成就。

无论恩情大小，都值得你去珍惜和感恩。

在这个世界上，没有比感恩更能凝聚人心、汇聚力量的情感了。感恩，不只是一种情感，更是一种大智慧。它让你与人际财富紧密相连，打造长久而稳固的人际关系。

举个例子。

当年，齐白石初到北京，没有名气，画风尚未被众人接受，生活困顿，饱尝风霜。在一次宴会中，他坐在被人遗忘的角落，默默承受着尴尬与落寞。然而，就在此时，与他有过一面之缘的梅兰芳出现了。梅兰芳不仅注意到了齐白石，更热心地把他介绍给了在场的大人物们。

梅兰芳的善举让齐白石的画作得到了广泛关注，他的名声也从此水涨船高。但成名后的齐白石并未忘记这份恩情。他特意画了一幅《雪中送炭图》赠予梅兰芳，以表达对其出手相助的感激之情。当梅兰芳对草虫画产生浓厚兴趣时，齐白石更是倾囊相授，毫不吝啬。

从此，二人成了最亲密的朋友。梅兰芳的每一场演出，齐白石都会前去聆听；在梅家的花开时节，齐白石也定会前去赏花作画。

人与人之间的相处，总是因缘而聚。但真正能够让关系长久稳固的，还是那份深深的敬意和感恩之心。有了恩情，就有了连结；有了连结，就有了深厚的情谊。

作家金惟纯说："感恩，不仅是人生幸福的最重要元素，同时也是宇宙中最大的能量。"人生境界越高，智慧越高的人，越懂得感恩。

知恩图报，方得始终。

分享成功会更容易成功

分享不是失去，而是双赢。

举个例子。

Y 从小就对科技充满热情，他喜欢尝试各种新技术，更热衷于将这些体验分享给同样热爱科技的朋友们。刚开始，他只是在自己的某一个自媒体平台上分享一些使用心得和技术教程，没想到这些分享迅速吸引了大量粉丝的关注。

随着粉丝数量的增长，Y 意识到自己的分享具有一定的影响力。于是，他开始更加用心地撰写内容，不仅分享技术知识，还分享自己对于科技行业的见解和预测。他的文章深入浅出，既有专业性又不失趣味性，让读者在轻松愉快的氛围中学习到了新知识。

为了更好地与粉丝互动，Y 还开通了各大社交媒体账号，定期发布视频教程，并进行直播分享。在直播中，他不仅会解答粉丝的疑问，还会邀请行业内的专家进行访谈，为粉丝提供更加多元化的学习机会。

随着时间的推移，Y 的影响力越来越大，他的自媒体账号成了科技爱好者们获取信息的重要渠道。同时，他的分享也带来了丰厚的回报。广告商纷纷找到他合作，希望借助他的影响力推广自己的产品；出版社也邀他出书，希望出一本专业、有趣、有价值的科技类科普读物。

分享是付出，更是收获。当你愿意分享、乐于分享时，你会发现，张开双手比你握紧拳头获得的更多。

1. 越分享成功，越容易成功

分享是成长的阶梯。

举个例子。

特斯拉创始人兼首席执行官，SpaceX首席执行官兼首席技术官马斯克，是一个热衷于分享知识和经验的人。马斯克经常通过公开演讲、采访、社交媒体等多种方式分享他的想法、见解和成功经验。他的分享内容广泛，涵盖商业策略、技术创新、领导力、个人成长等方面。

通过分享这些经验和观点，马斯克不仅帮助更多人了解他的成功秘诀，也激发了更多人的创业热情和创新精神。同时，他也通过分享积累了更广泛的人际财富和影响力，为他的企业带来了更多机遇和资源。

2023年，马斯克更是做出了一个惊人的举动。为了进一步鼓励科技人才创新和推动资本涌入太空领域，马斯克公布了星舰的专利和设计图纸。

大家纷纷称赞马斯克"格局太大了"。

对于专利公布的决定，马斯克表示：我并不担心被超越。我觉得保密会阻碍人类技术的进步，因此，我们的发动机可以随便拍，图纸也是公开的。

马斯克在公开专利利他的同时，也希望用他人的创新激励自己进步。

你看，分享不是失去，而是双赢。或许你无法成为马斯克那样的传奇人物，但分享的力量同样适用于日常生活。

某博主在家中照顾两个孩子的同时，开始了自媒体创作之路。起初，她主要分享孩子在不同年龄段适合阅读的图书，这份日常而贴心的内容竟意外地触动了众多职场妈妈。

许多妈妈在视频评论区留言："真是雪中送炭，我平时工作非常忙，正愁怎么给孩子挑书呢，你的推荐正好解决了我的难题，以后我就跟着你的书单买了！""你分享的书真是太棒了，按照你的推荐买，孩子很爱读！""期待你的下一次更新！""能不能再分享一下孩子学习用的书桌和文具呢？"

随着需求的多元化增长，她的分享内容逐渐丰富起来，涉及图书、文具、书桌以及儿童健康饮食等多个领域，这些实用且贴心的分享又帮她吸引了大量粉丝的关注。

如今，她的自媒体账号已经积累了超过 400 万名忠实粉丝，其产生的经济效益甚至可以与一家中型企业相媲美。

分享成功，是一种展现个人价值的方式。当你分享自己的经验与成就时，你其实是在释放一种信号——你具备双赢思维和长远视角，你掌握了获得成功的秘诀和能力。这样的你，自然能吸引到更多志同道合的朋友和合作伙伴。

但请注意，分享并不是炫耀。真正的分享，应聚焦于那些对别人有帮助、有启发的信息。其价值不在于你获得了什么，而在于你如何获得，以及你如何帮助他人实现他们的愿望。

2. 经常庆功，就能成功

在电视剧《繁花》里，主人公汪小姐有一句非常经典的台词："经常庆功，就能成功。"

当汪小姐和魏总携手离开那熟悉的 27 号时，他们面对的是一片质疑和嘲笑。但这对不被看好的组合，却凭借着坚定的信念和"经常庆功，就能成功"的行为，在创业的道路上披荆斩棘，勇往直前，拿到了自己想要的结果。

"经常庆功，就能成功"，不是简单的一句口号。这句话背后蕴藏着深刻的行为科学知识。B. J. 福格（B. J. Fogg）教授曾言："如果只从福格行为模型中学习一件事，那就是学习庆祝成功。"

庆祝成功，能让你感到快乐，从而让大脑在兴奋中释放多巴胺——一种让人愉悦、充满动力的物质。在这样的状态下，每一次庆功都能在无形中强化你的习惯回路。当类似的情境再次出现时，大脑会迅速发出行动指令，驱动你重复那个曾经带来成功的行为。

就这样，你在庆功中形成了习惯，在习惯中走向了成功。

有效的庆功讲究两个原则。

原则一：立刻，马上！

当你完成了一项任务后，请立刻让自己小小庆祝一下，任务完成的满足感和动力感会因此瞬间翻倍。无论是给自己买一份心仪已久的小礼物，还是简单地在一个固定的角落吃上一份美食，都能让成功的感觉深深烙印在你心中。而且这样的及时庆祝，能够迅速形成习惯回路，让你更加期待下一次成功。

原则二：强度适中，与行为匹配。

有些人可能会觉得小成功不值得大张旗鼓地庆祝。但请记住，每一个小成功都是通往大成功的重要一步。因此，小成功就小庆祝，大成功就大庆祝，强度适中，刚刚好，不要过于夸张，也不要过于吝啬。

你可以根据任务的难易程度，调整庆祝的强度。例如，在每一次达成小目标后，都可以给自己一个小小的奖励；在突破原有微习惯、进入全新领域后，可以更加隆重地庆祝。这样，你的成功庆祝就会像阶梯一样，帮助你更加自信地迈向更高的目标。

无论你是一个人打拼，还是与团队并肩作战，你都需要学会这个重要的技能——分享成功，庆祝成功。

成功也是成功之母，它会引领你收获更多成功。

保持鲜活的生命力

每次举办线下活动时，我最常听到的就是这样的赞叹：

"例子姐，我关注您很久了，您身上那种积极向上的生命力真的太吸引我了。"

在此之前，我只觉得自己是一个精力充沛、乐观向上的人。然而，随着越来越多的朋友和身边人的反馈，我才意识到，我拥有的不只是一种人生态度，更是一种蓬勃向上的生命力。

你们看，那些杰出的人物，如华罗庚、钱学森、史蒂芬·霍金（Stephen Hawking）、梅耶·马斯克，他们之所以能被世人铭记，成为我们学习的楷模，不只是因为他们在事业上取得了辉煌的成就，为社会做出了卓越的贡献，更是因为他们在面对人生低谷时所展现出的坚韧不拔、永不言败的生命力。

一个有生命力的人就像暖阳一样，大家都想围在他的身边取暖，汲取能量；而一个没有生命力的人，看上去就很颓废，身边的人都想远离他。

其实，人与人之间的较量，最终比拼的究竟是什么呢？

不是财富的多寡，而是生命力的强弱。

向上成长，是一场没有终点的旅程。如果非要给它设定一个标准，我想说，那就是永远热爱生活，保持鲜活的生命力，同时拥有一颗永不满足的心，终身学习，追求成长。

1. 心怀热忱，方能乘风破浪

一个对生活失去热情的人，就像一辆没有燃料的汽车，动力不足，无法疾驰在广阔的公路上。他们或许会迷茫、彷徨，甚至失去前进的勇气。但是，对那些心怀热忱的人来说，生活却是另一番景象。

举个例子。

奥普拉·温弗瑞（Oprah Winfrey）是著名的电视人、制片人、慈善家，她出身贫寒，经历过很多磨难，童年并不幸福。但是，这些经历并没有击垮她，反而让她更加珍惜和热爱生活。

温弗瑞对电视行业的热爱和执着也是她成功的关键。她创办了著名的脱口秀节目《奥普拉脱口秀》，通过这个节目，她分享了自己的经历和见解，同时也帮助了无数的人。她的节目不仅深受观众喜爱，也获得了众多的奖项和认可。

除了电视事业，温弗瑞还积极投身于慈善事业。她创建了奥普拉·温弗瑞领导学院（Oprah Winfrey Leadership Academy for Girls），目的是帮助贫困地区的女孩接受良好的教育，实现自己的梦想。她还参与了许多其他的慈善项目，为改善社会做出了积极的贡献。

生活从不亏待那些心怀热忱的人。只要你保持对生活的热爱和期待，勇敢地向光而行，就一定能够收获属于自己的惊喜和成功。

请永远热爱生活，永远期待未来。

2. 正视自己的野心，热烈地活着

我留心观察了一下，生活中一些"丧"气十足，看上去生命力不足的人，或许并不是没有梦想和野心，而是不好意思说自己有梦想、有野心。而我身边那些生命力鲜活的人、那些成功的人，从不掩饰自己的野心。

野心，不是用来克制自己的枷锁，而是激励我们不断向上的动力。它本身就是一种力量的象征，一种对更好未来的无限渴望。

举个例子。

我身边有一个科技领域的自媒体达人经常自信地说："我要在某平台做到粉丝数量第一！"身边有很多人说他骄傲自大，但我并不这么认为。无论他最后能拿到什么样的结果，他敢说出来就已经赢了一半。

对我来说，敢说出自己的野心和梦想是一种有鲜活生命力的表现，这种坚定的信念和勇气也能激励和影响我。

人如果丧失野心，就等于向生活投降，仅仅追求生存。而追求向上人生的你，想要的绝不只是生存，而是热烈地活着。

请正视自己的野心，适度地放纵自己的野心，热烈地活着。

3. 终身学习，向上生长

在人生的道路上不断前行，并不容易。但正是这些艰难迈出的坚定向上的步伐，构成了未来那个理想的你。因此，不要止步于今天，你要不停地学习，去向上生长。

耐心，是向上生长的隐形翅膀。

你真正的对手并不多，往往那个最急于求成的自己，才是你最大的敌人。曾国藩告诉我们："唯天下之至拙，能胜天下之至巧。"任何技能的学习，都像是种下一颗种子，需要耐心浇灌，等待它慢慢生根发芽。

人生之路，不怕慢，只怕停。

奥诺雷·德·巴尔扎克（Honoré·de Balzac）曾说："人的全部本领无非是耐心和时间的混合物。"只要不断重复练习，有耐心突破那层看似遥不可及的界限，你终将迎来爆发式的成长。

但人生就像一场未知的冒险，充满了变数。你不能一味追求稳定，也要敢于拥抱不确定性，去面对那些未知的挑战。只有这样，你才能拥有抵抗风险的能力，抓住更多的机遇和好运。

罗曼·罗兰曾说："世界上只有一种真正的英雄主义，那就是在认清生活的真相之后，依然热爱生活。"在我看来，这句话的本质就是人生要句上。

比起这句广为流传的话，我更想跟大家分享罗曼·罗兰的另一句话："每一件与众不同的绝世好东西，其实都是以无比寂寞的勤奋为前提的，要么是血，要么是汗，要么是大把大把的曼妙青春好时光。"

请你向上，请你把你所有的心力投入进去，因为向上就是一件绝世好东西。

后记

终于来到了后记。

写了这么多，本书好像囊括了向上的所有方法。哈哈，我也才44岁，正如我惯常的向上心态：如果我能活80岁，那现在的人生才刚刚过半，人生的路还有好久要走，这才哪儿到哪儿。本书就当给朋友们的一个阶段性分享吧！

现在，来到感恩环节。我认为感恩是最深厚而又富有希望的向上，有人关心你，而你信任他，还用成长来反馈，这是多么美好的双向向上啊！

首先，感谢我的父母，他们是千千万万个普通家长的缩影，他们给了我他们可以给我的最好的一切，让我有向上的底气和自信。感谢我的父亲，把质朴和敦厚遗传给我，让我无论身处何处都牢记：人活一世，要留个清名。感谢我的母亲，在父亲过世后的几年、在我曾经熬不过去的那些日夜，永远用行动和乐观的人生姿态教我：向上是刻在骨子里的，与年龄无关，与顺逆境更无关。我始终觉得，父母留给子女的财富不是房产，不是资产，而是潜移默化的精气神。

其次，感谢我的先生，感谢他一如既往地欣赏我的优点，包容我的缺点，让我可以勇敢做自己。即使试错，他也愿意和我一起面对。何其有幸，在婚姻中可以遇到一个彼此尊重和欣赏的人，一个愿意随时为你的成长而鼓掌的人，他让我的生命得到了滋养。

感谢我人生中的两位挚友——小麦和建萍。小麦见证了我的青春，也见证了我的成熟。从闺密到事业合伙人，我们用"相爱相杀"、相互成就活出了 20 多年的闺密该有的样子。感谢建萍 10 多年永远无条件的信任和支持，这种无条件的爱让我在面对任何困难时都感觉我不是一个人，无论我的样子有多么难堪，我的背后永远都有我的好朋友在。

感谢"向上研修院"的向上闺密们，如果没有你们，我不会有勇气写出本书。我们有着相似的经历和心境，因此我们无比珍惜向上的缘分。书里的很多故事都来自我的闺密们，希望我们可以一起在成为自己的光的同时，照亮别人的路。

最后，也是最长的一串感谢名单，那就是我过去几十年非亲非故的伯乐们，你们或伸手帮我，或用言语点醒我，或潜移默化影响我，让我成为这个平凡却勇敢的例子姐。感谢我来北京的第一个贵人崔社长，感谢给我第一份工作的郭先生，感谢派格太合的孙先生夫妇让我在职场迅速成长，感谢给我莫大信任和机会的欢乐传媒的董先生，感谢我的天使投资人牛先生、卢先生、谢女士和黎先生，感谢我在直播领域的伯乐雷先生、杨先生和王女士，也感谢一直以来跟我并肩作战的伙伴们。非常有幸，在人生的某个阶段可以结伴而行，感恩这段有你们的向上时光。

在向上的路上，我们既有方法，又有同伴。孔子曰："学而时习之，不亦说乎。有朋自远方来，不亦乐乎。"读到本书的朋友们，你们都是我向上的挚友，在未来的路上，请互相搀扶。向上这条路啊，还长呢！好日子啊，在后头呢！